Zu diesem Buch

Selbstcoaching bedeutet, die eigene Entwicklung aktiv in die Hand zu nehmen. Fundiert und leicht verständlich werden Sie von zwei erfahrenen Beratern durch ein intensives Lernprogramm zum Selbstcoaching geführt. Das Buch ist eine wertvolle Hilfe für Menschen, die ihre persönliche Entwicklung gezielt voranbringen möchten, und eine Fundgrube für Berater und Trainer, die diese Methoden und Werkzeuge mit ihren Kunden und Klienten anwenden wollen.

Die Ergänzung zum Erfolgsbuch «Coaching: Miteinander Ziele erreichen» (rororo Sachbuch 61326) von Maren Fischer-Epe, das seit Erscheinen im März 2002 immer wieder in den Management- und Coaching-Bestsellerlisten vertreten ist.

Die Autoren

Maren Fischer-Epe, Diplompsychologin, Jahrgang 1953. Studium Germanistik, Pädagogik, Sport und Psychologie. Langjährige Tätigkeit als Familientherapeutin in einem Beratungszentrum. Sie arbeitet seit 1988 als selbständige Managementberaterin und -trainerin mit den Schwerpunkten Organisationsentwicklung und Coaching.
Claus Epe, Diplompsychologe, Jahrgang 1951. Studium Germanistik, Pädagogik, Sport und Psychologie. Langjährige Tätigkeit als Psychotherapeut in freier Praxis. Er arbeitet seit 1987 als selbständiger Managementberater und -trainer mit den Arbeitsschwerpunkten Konfliktmoderation und Projektmanagement.

Beide Autoren führen seit 1988 Ausbildungsprogramme für Führung und Kommunikation, Coaching und Persönlichkeitsentwicklung durch, u. a. in Zusammenarbeit mit Professor Friedemann Schulz von Thun.
E-Mail: coaching@fischer-epe.de
Internet: www.fischer-epe.de

Maren Fischer-Epe, Claus Epe

Selbstcoaching

Hintergrundwissen, Anregungen und
Übungen zur persönlichen Entwicklung

Rowohlt Taschenbuch Verlag

Vollständig überarbeitete Neuausgabe September 2007

3. Auflage November 2010

Originalausgabe
Veröffentlicht im Rowohlt Taschenbuch Verlag,
Reinbek bei Hamburg, Oktober 2004
Copyright © 2004, 2007 by Rowohlt Verlag GmbH,
Reinbek bei Hamburg
Die Originalausgabe erschien 2004 unter dem Titel
«Stark im Beruf – erfolgreich im Leben».
Zeichnungen Maren Fischer-Epe
Umschlaggestaltung any.way, Walter Hellmann
Satz Minion und ITC Officina PostScript (QuarkXPress 4.11)
Gesamtherstellung CPI – Clausen & Bosse, Leck
Printed in Germany
ISBN 978 3 499 62283 0

Inhalt

Vorbemerkung 9

1.   Persönlicher Erfolg durch Selbstcoaching 11

1.1   Was verstehen wir unter persönlichem Erfolg? 11

1.2   Was verstehen wir unter Selbstcoaching? 14

2.   Selbstwert und Persönlichkeit 18

2.1. Hintergrundwissen 18
2.1.1 Was verstehen wir unter Persönlichkeit? 18
2.1.2 Wie entwickelt sich Persönlichkeit? 20
2.1.3 Wie viel Verhaltensänderung ist möglich? 26
2.1.4 Welche Bedeutung hat das Selbstwertgefühl? 31

2.2   Anregungen zur persönlichen Entwicklung 40

2.3   Übungen zum Selbstcoaching 45

3.   Motivation und Leistungsbereitschaft entwickeln 53

3.1   Hintergrundwissen 53
3.1.1 Lust und Freude 54
3.1.2 Ziele und Bedürfnisse 55
3.1.3 Einstellungen und Überzeugungen 66

3.2   Anregungen zur persönlichen Entwicklung 68
3.2.1 Standortbestimmung 68
3.2.2 Motivierende Ziele finden 72
3.2.3 Bedürfnis- und Zielkonflikte klären 80

3.2.4 Einstellungen ändern   84
3.2.5 Förderliche Rahmenbedingungen schaffen   87
3.2.6 Persönliche Arbeitsorganisation verbessern   87
3.2.7 Dranbleiben   88

3.3   Übungen zum Selbstcoaching   93

4.   Einfluss nehmen   117

4.1   Hintergrundwissen   117
4.1.1 Macht, Gewalt und Autorität   119
4.1.2 Verantwortung   126
4.1.3 Psychologie der Macht   130
4.1.4 Empfindlichkeit im Umgang mit Hierarchie und Macht   134

4.2   Anregungen zur persönlichen Entwicklung   136
4.2.1 Standort- und Zielbestimmung   137
4.2.2 Verantwortung übernehmen   141
4.2.3 Sich zeigen und positionieren   144
4.2.4 Souverän mit Macht und Autorität umgehen   145
4.2.5 Kontakte pflegen und Netzwerke aufbauen   148
4.2.6 Kompetenz aufbauen und zeigen   150
4.2.7 Einfluss abgeben   151

4.3   Übungen zum Selbstcoaching   153

5.   Mit Konflikten umgehen   164

5.1   Hintergrundwissen   164
5.1.1 Konfliktentstehung   165
5.1.2 Konfliktvermeidung   172

5.2   Anregungen zur persönlichen Entwicklung   175
5.2.1 Standort- und Zielbestimmung   175
5.2.2 Konflikte wahrnehmen   178

5.2.3 Konflikte analysieren   180

5.2.4 Konflikte im Dialog klären   188

5.3   Übungen zum Selbstcoaching   200

6.   Kleines Handwerkszeug zum Selbstcoaching   215

6.1   Leitfaden zum Selbstcoaching   215

6.2   Coaching-Partnerschaft   222

Ein Wort zum Schluss   225

Literatur   226

Vorbemerkung

Liebe Leserin, lieber Leser,

Selbstcoaching fördert die Selbststeuerung und Selbstverantwortung für die persönliche Entwicklung. In einer Zeit, in der Heilsversprechen und Rezepte für schnelle Lösungen Hochkonjunktur haben, möchten wir Ihnen das Gegenteil ans Herz legen: sich Zeit zu nehmen, um über Ihr «inneres Betriebssystem» nachzudenken, sich klar zu werden über Ihre Ziele, Wünsche und Werte, Ihre Fähigkeiten und Entwicklungsmöglichkeiten. Was macht Sie erfolgreich in Ihrem Leben? Was stört oder belastet Sie immer wieder? Was wollen Sie noch lernen oder entwickeln?

Wir beginnen mit einer Klärung, was wir unter persönlichem Erfolg und unter Selbstcoaching verstehen. Im Kapitel «Selbstwert und Persönlichkeit» beschreiben wir dann aus psychologischer Sicht, wie sich Persönlichkeit entwickelt und warum es oft schwerfällt, sich zu verändern und ein grundsätzlich neues Verhalten zu lernen.

Nach dieser psychologischen Einstimmung konzentrieren wir uns auf vier Kernthemen des persönlichen Erfolgs und der persönlichen Entwicklung, die nach unserer Erfahrung als Berater, Konfliktmoderatoren und Trainer besondere Beachtung finden sollten:

- wie wir das **Selbstwertgefühl** stärken,
- wie wir **Motivation und Leistungsbereitschaft** erhalten und steigern,
- wie es uns gelingt, angemessen **Einfluss** zu nehmen und mit **Hierarchie, Macht und Verantwortung** umzugehen, und
- wie wir **konstruktiv mit Konflikten** umgehen.

Diese Themen bestimmen maßgeblich die Zufriedenheit sowohl im Beruf wie im Privatleben. Wir widmen jedem dieser Schlüsselthemen ein eigenes Kapitel mit Hintergrundinformationen, Anregungen zur persönlichen Entwicklung und konkreten Übungen zum Selbstcoaching. In den Kapiteln 2, 3, 4 und 5 wollen wir Sie zu einer vertieften Selbstreflexion anregen, um sich in Ihren Eigenheiten, der eigenen Lerngeschichte und Ihrem individuellen Erleben und Verhalten besser verstehen und ggf. verändern zu können.

Wenn Sie diese Kapitel durcharbeiten, lernen Sie unsere Methodik des Selbstcoaching kennen, die wir im Kapitel 6 dann noch einmal zusammenfassen und verdichten. Hier finden Sie eine universelle Anleitung zum Selbstcoaching und zum Aufbau einer Coaching-Partnerschaft: Welche Schritte können Sie gehen? Und welche Fragen sollten Sie sich stellen, wenn Sie ein konkretes Problem lösen bzw. ein überschaubares Veränderungsziel erreichen wollen?

Wenn Sie sich entschließen, die Übungen und Schritte zum Selbstcoaching systematisch durchzugehen, empfehlen wir Ihnen, sich einen Partner zu suchen, der daran ebenfalls interessiert ist. Im Dialog macht es mehr Spaß, und in der Regel bringt es erheblich mehr Erkenntnisse und Ideen. Deshalb finden Sie immer wieder Hinweise, wie Sie die Übungen zum Selbstcoaching auch mit einem Coaching-Partner durchführen können.

Wir nutzen dies Buch als Begleitlektüre in unseren Coaching-Prozessen, Seminaren und Beraterausbildungen. Es ergänzt den ebenfalls bei Rowohlt erschienenen Band: «Coaching: Miteinander Ziele erreichen». Wir wollten die Informationen so aufbereiten, dass sie leicht lesbar und verständlich bleiben, ohne an Gehalt zu verlieren. Wir hoffen, das ist uns gelungen.

Wenn Sie uns ein Feedback geben wollen, schreiben Sie uns unter coaching@fischer-epe.de. Wenn Sie sich für unsere Arbeit interessieren, schauen Sie unter www.fischer-epe.de.

Und nun wünschen wir Ihnen viel Spaß und gute Anregungen beim Lesen.

1. Persönlicher Erfolg durch Selbstcoaching

1.1 Was verstehen wir unter persönlichem Erfolg?

Wenn Sie sich vorstellen, dass Sie im hohen Alter auf Ihr bisheriges Leben zurückblicken, auf welche persönlichen Erfolge wären Sie dann stolz? Woran würden Sie denken?

An eine große Herausforderung oder Ihre Karriere im Beruf? An Ihre Kinder oder Enkelkinder? An eine langjährige Bindung zum Partner durch Höhen und Tiefen des Lebens? An das Netz von Freunden und Bekannten, das Sie aufgebaut und gepflegt haben und in dem Sie sich aufgehoben fühlen? An einen Verzicht, der wichtig war und Ihnen schwergefallen ist, oder an die Bewältigung einer schweren Krise in Ihrem Leben?

Persönliche Leistungen und persönlicher Erfolg lassen sich nur individuell bewerten. Manches, wofür wir uns heute krumm legen, bekommt in der langfristigen Perspektive eine andere Bedeutung. Und was der eine als Erfolg verbucht, kann für den anderen selbstverständlich oder sogar ein Zeichen von Schwäche sein. Eine langjährige Firmenzugehörigkeit kann im einen Fall Treue und Beständigkeit ausdrücken und im anderen Entscheidungsschwäche oder Mutlosigkeit bedeuten. Einen schnellen Aufstieg sieht der eine als Zeichen erfolgreicher, zielstrebiger Arbeit, der andere wertet ihn als Zeichen von Überanpassung oder guter Ausbeutbarkeit. Umgekehrt stecken in vermeintlichen Schwächen oft persönliche Erfolge: Manchmal ist es ein wichtiger Schritt, sich einen Fehler einzugestehen oder offenzulegen, dass man etwas nicht leisten kann oder nicht mehr leisten will. Und die wichtigsten persönlichen Erfolge bestehen oft darin, aus einem Misserfolg oder einem Scheitern die richtigen Schlüsse zu ziehen und die Kraft für eine Veränderung oder einen Neubeginn zu finden.

Die individuelle Bewertung von Erfolg sollte sich daran messen, welche **Ziele** wir uns gesetzt haben und wie unsere **Ausgangsbedingungen** waren. Persönlicher Erfolg hängt vor allem davon ab, ob wir uns die richtigen Ziele setzen. Ziele müssen einerseits attraktiv und herausfordernd genug sein und dürfen andererseits nicht überfordern. Wenn Fußballspieler einer Kreisligamannschaft ihren Erfolg am Können von Bundesligastars messen, werden sie sich schlecht fühlen. Wenn sie dagegen einen angemessenen Maßstab für die eigene Leistung finden, das heißt ihre Ziele an den Ausgangsbedingungen und ihren Möglichkeiten ausrichten, können sie sich vielleicht schon bei einem Unentschieden gegen den Tabellenführer aus dem Nachbardorf zufrieden und erfolgreich fühlen.

Viele Vorhaben sind zwar isoliert gedacht reizvoll, mit Blick auf die Lebenssituation aber unpassend: Es macht wenig Sinn, ein Haus zu bauen, wenn die finanziellen Ressourcen nicht stimmen, oder sich belastende Ziele zu setzen, während man gleichzeitig eine Krankheit auskurieren muss. Es ist fraglich, ob ein Familienumzug in eine andere Gegend sinnvoll ist, wenn der Partner gerade eine neue Arbeitsstelle gefunden hat oder das Kind eben erst eingeschult wurde. Wenn rundherum Stellen abgebaut und Karrieremöglichkeiten eingeschränkt werden, bringt es wenig, sich weiter an alten Aufstiegsidealen zu messen.

Wir sollten also die äußere Realität und bei größeren Vorhaben die gesamte Lebenssituation im Blick behalten und uns den Preis oder Aufwand bewusst machen, der mit einem Ziel oder Projekt verbunden ist. Dazu gehört auch die Frage, wieweit ein Vorhaben zur eigenen Persönlichkeit und den eigenen Werten passt. Sonst bezahlt man vielleicht den erfolgreichen Aufstieg in der Führungshierarchie mit dem Verlust der Lebensfreude oder den Abschluss eines reizvollen Projekts mit einer Krankheit oder dem Verlust einer wichtigen Beziehung.

Bei längerfristigen und größeren Projekten brauchen wir neben stimmigen Zielen und einer realistischen Einschätzung der Ausgangsbedingungen auch die nötige **Motivation** und Leistungsbereitschaft. Wenn Ziele eine persönliche Veränderung von Einstellungen oder Verhalten bedeuten, oder wenn auf dem Weg zum Ziel lange Durststrecken überwunden werden müssen, steht und fällt der Erfolg mit unserer Fähigkeit, uns immer wieder selbst zu motivieren, dranzubleiben und durchzuhalten.

Persönlicher Erfolg bewegt sich damit im Spannungsfeld zwischen den **Ausgangsbedingungen**, den **Zielen** und der persönlichen **Motivation**. Diesen Zusammenhang veranschaulichen wir mit dem Dreieck des persönlichen Erfolgs:

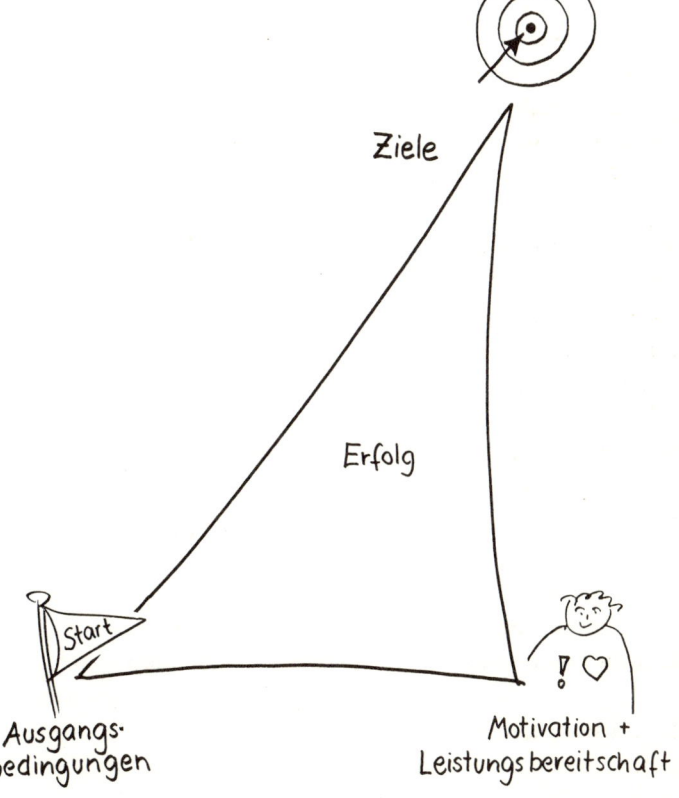

Das Dreieck des persönlichen Erfolgs

1.2 Was verstehen wir unter Selbstcoaching?

Persönliche Entwicklung geschieht weitgehend, ohne dass wir diesem Lernprozess bewusste Aufmerksamkeit widmen müssten: Unsere seelische und geistige Entwicklung beginnt mit dem ersten Lebenstag. Wir orientieren uns an Vorbildern und lernen durch unsere Lebenserfahrung, durch Versuch und Irrtum, durch Erfolg und Misserfolg. Selbstcoaching bedeutet, die eigene Entwicklung an einem bestimmten Punkt gezielt und systematisch in die Hand zu nehmen und bewusst zu steuern. Im Dreieck des persönlichen Erfolgs gesprochen, heißt das: sich die richtigen Ziele setzen, die Ressourcen und Potenziale der Ausgangssituation nutzen und den Weg zum Ziel so zu gestalten, dass unsere Motivation und Leistungsbereitschaft erhalten bleiben oder besser noch gefördert werden.

Im **Coaching** würde man diesen Prozess mit einem Berater durchlaufen. Unter Coaching verstehen wir eine Kombination aus individueller **Beratung**, persönlichem **Feedback** und praxisorientiertem Training in Fragestellungen, die Beruf und Persönlichkeit betreffen (vgl. Fischer-Epe 2002/2004). Ein Coach hilft bei der Suche nach stimmigen Zielen und angemessenen Lösungswegen, er fördert Zuversicht und persönliche Entwicklung.

Im **Selbstcoaching** übernehmen Sie diese Rolle selbst oder suchen sich Freunde bzw. Kollegen als Gesprächspartner und Feedbackgeber. Coach heißt im Englischen «Kutsche», und das Bild der Kutsche vermittelt einen wesentlichen Kern von Coaching: Die Kutsche ist ein Hilfsmittel, ein Beförderungsmittel, um sich auf den Weg zu machen und ein Ziel schneller und bequemer zu erreichen als zu Fuß. Der Kutscher kennt die Wege, kann Entfernungen und Reisezeiten einschätzen, sorgt für die Qualität des Vorankommens und für angemessene Pausen. Beim Selbstcoaching steigen Sie selbst auf den Kutschbock, und vielleicht nehmen Sie noch jemanden mit, der Sie auf Ihrem Weg begleitet, mit dem Sie den Kurs abstecken und die Zwischenerfolge feiern können. Damit Sie sich als Ihr eigener Coach auf dem Weg Ihrer persönlichen Entwicklung besser zurechtfinden, werden wir Ihnen jeweils

Hintergrundinformationen, Anregungen zur persönlichen Entwicklung und konkrete Übungen zum Selbstcoaching geben. Dabei gehen wir von folgenden grundsätzlichen Annahmen aus:

- Wenn wir etwas lernen oder umlernen wollen, das an eingefahrene Strukturen und an die persönliche Substanz geht, reichen gute Vorsätze nicht aus. Sylvestervorsätze sind oft schon am Neujahrstag vergessen. Immer wenn uns ein Verhalten schwerfällt, sind auch Gefühle beteiligt, die uns hindern. Irgendetwas ist unangenehm, lästig oder macht Angst. Die **bewusste Auseinandersetzung mit** diesen **Gefühlen** ist notwendig, sonst steuern sie uns, ohne dass wir es bemerken.
- Persönliche Entwicklung gelingt am besten, wenn wir uns gleichzeitig **akzeptieren können und verändern wollen.** Wir brauchen sowohl einen starken Veränderungswillen als auch eine wohlwollende Grundhaltung uns selbst gegenüber.
- Veränderung und persönliche Entwicklung fallen leichter, wenn wir auf etwas **aufbauen** oder an etwas anknüpfen können, was schon vorhanden ist. Deshalb geht es im Coaching wie im Selbstcoaching immer wieder um die **Suche nach vorhandenen Ressourcen,** die wir für eine Lösung oder eine persönliche Entwicklung nutzen können.
- **Entwicklung braucht Zeit und Geduld.** Was wir in Jahrzehnten gelernt und entwickelt haben, lässt sich meist nur in kleinen Schritten und nach mehreren Anläufen verändern. Um ein grundsätzlich neues Verhalten zu lernen oder uns von belastenden Situationen und schlechten Gewohnheiten zu befreien, brauchen wir also Geduld und Nachsicht mit uns selbst.
- Gezielte persönliche Entwicklung erfordert **Selbstreflexion und Feedback.** Dazu werden wir Ihnen in den folgenden Kapiteln immer wieder Anregungen geben, oft verbunden mit der Aufforderung, sich einen Gesprächs- bzw. Lernpartner zu suchen. Nach unserer Erfahrung sind durch systematische Formen der Selbstreflexion und des Feedbacks erstaunliche Veränderungen und Entwicklungen möglich.
- **Selbstcoaching hat Grenzen.** Wer wirklich entschieden ist, seine

Einstellung oder sein Verhalten zu ändern oder weiterzuentwickeln, hat den ersten Veränderungsschritt schon getan. Manchmal ist unser Erleben oder Verhalten allerdings so festgefahren, dass sich mit eigenen Mitteln allein nichts bewegen lässt. Oder die eigene Energie und Zuversicht reichen nicht aus, um die Übungen durchzuhalten. Eine Veränderung erscheint schwer vorstellbar oder ist vielleicht sogar beängstigend. Manchmal gibt es auch niemand im persönlichen Umfeld, dem man sich anvertrauen mag. Dann ist es besser, sich professionelle Beratung zu suchen.

Um im Selbstcoaching erfolgreich zu sein, brauchen Sie neben dem Entschluss, etwas ändern zu wollen, natürlich auch konkrete Vorgehensideen und **Handwerkszeug**. Die Kunst eines professionellen Beraters besteht darin, mit hilfreichen Fragen die Gedanken des Gesprächspartners in konstruktive Bahnen zu lenken – und das heißt auch, die richtige Frage zum richtigen Zeitpunkt zu stellen. Dasselbe gilt für die Selbstreflexion bzw. das Selbst-Gespräch. Wenn Sie sich die richtigen Fragen stellen, können Sie auch neue Antworten finden. Wir haben die Kapitel in diesem Buch so aufgebaut, dass Sie es als Wegweiser und Anleitung für Ihren Selbstcoaching-Prozess nutzen können.

Wir unterscheiden zwischen:
• Selbstcoaching als umfassendem **Entwicklungsprogramm** und
• Selbstcoaching als Methode zur fokussierten **Problemlösung**.

Die Kapitel zu den vier Schlüsselthemen – Persönlichkeit, Motivation, Einfluss, Konflikte – sind als Entwicklungsprogramm aufgebaut. Es zielt darauf ab, sich in den persönlichen Eigenheiten, der eigenen Lerngeschichte, dem individuellen Erleben und Verhalten kennenzulernen, zu verstehen und ggf. zu verändern. Entsprechend breit und grundsätzlich sind die theoretischen Erklärungen, Anregungen und Übungen angelegt.

Nicht jede Schwierigkeit und jedes Entwicklungsziel erfordert ein theoretisches Verständnis, eine umfassende Situationsanalyse oder die

Einordnung ins Lebensganze. Wenn Ihre Vorhaben und Fragestellungen konkret und überschaubar sind, hilft die Selbstcoaching-Anleitung des sechsten Kapitels, um mit geringerem Aufwand stimmige Ziele und Lösungen zu erarbeiten.

2. Selbstwert und Persönlichkeit

2.1 Hintergrundwissen

Die meisten Menschen kommen besser mit sich selbst und ihren Eigenarten zurecht, wenn sie die psychologischen Vorgänge verstehen, die zur Entwicklung ihrer Persönlichkeit geführt haben. Wir werden in diesem Kapitel beschreiben, was wir unter Persönlichkeit verstehen (2.1.1), wie sich Persönlichkeit entwickelt (2.1.2) und wie viel Verhaltensänderung möglich ist (2.1.3). Dann widmen wir uns dem Selbstwertgefühl, das man als Zentrum unserer Persönlichkeit auffassen kann. Es schafft die seelische Grundlage für Zufriedenheit im Beruf wie im Leben insgesamt (2.1.4).

2.1.1 Was verstehen wir unter Persönlichkeit?

Mit dem lateinischen Wort «persona» wurden im römischen Theater die Masken der Schauspieler bezeichnet. Diese Masken gaben dem Zuschauer leicht erkennbare Hinweise auf den Charakter der Rolle.

Von Persönlichkeit oder Charakter sprechen wir immer dann, wenn Erleben oder Verhalten zeitüberdauernd und situationsunabhängig wiedererkennbar ähnlich ist.

Wenn wir zufällig beobachten, wie sich jemand auf der Straße lautstark und aggressiv streitet, lässt sich noch keine Aussage über dessen Persönlichkeit treffen. Wir sprechen erst dann von einem Persönlichkeitsmerkmal, wenn jemand in verschiedenen Situationen immer wieder so reagiert. Dann heißt es: «Das ist typisch, so kennen wir diesen Menschen.» Das Verhalten erklärt sich dann stärker aus der Persönlichkeit als durch die jeweilige Situation.

Warum reagiert jemand immer wieder schnell aggressiv? Warum erlebt ein anderer Kritik immer wieder als Angriff, auch wenn sie konstruktiv gemeint ist? Warum zieht er sich dann immer wieder beleidigt zurück, statt der Sache genauer auf den Grund zu gehen?

Um zu verstehen, wie wiederkehrende Strukturen, Wahrnehmungs- und Verhaltensmuster entstehen, müssen wir uns klarmachen, dass sich jede aktuelle sinnliche **Wahrnehmung** mit Erinnerungen verknüpft. Unser Erleben suggeriert uns, dass unsere Wahrnehmung ein direkter Spiegel der äußeren Realität sei. Tatsächlich ist aber bei jedem Wahrnehmungsvorgang unser Gedächtnis aktiv beteiligt und vergleicht alles, was um uns herum vorgeht, mit bereits bekannten Situationen. Das Gedächtnis, in dem die Gesamtheit unserer Lebenserfahrung und Lebensweisheit gespeichert ist, gibt den Wahrnehmungsreizen eine Bedeutung und hilft uns, den Wortschwall unseres Gegenübers als Beschimpfung zu verstehen, Tränen als Trauer zu erkennen oder kritische Bemerkungen als Angriff einzuordnen.

Wer oft und immer wieder destruktive Kritik erlebt hat, wird dazu neigen, bereits einen Anflug von Kritik mit früher erlebten Angriffen assoziativ zu verbinden, ohne dass diese Verknüpfung bewusst wird. Aktuelle Eindrücke und deren «Einfärbung» durch vorherige Erfahrungen werden als Einheit wahrgenommen. Was wir als Wahrnehmung erleben, ist also ein Zusammenspiel aus Sinneseindrücken und Erinnerungen. Wir können die Welt immer nur auf der Basis bisheriger Lebenserfahrungen verstehen.

Zusammengefasst kann man sagen: Was wir für Wahrnehmung im Hier und Jetzt halten, ist zum großen Teil Gedächtnis. Unsere bisherige Lebenserfahrung prägt jede weitere Wahrnehmung und bringt uns dazu, Zusammenhänge ähnlich wahrzunehmen, wie wir sie bereits kennen. Die sich verstärkenden Erinnerungsspuren im Gedächtnis erhöhen die Wahrnehmungsbereitschaft für erneut ähnliche Erfahrungen usw. So entwickeln sich unsere Reaktionen allmählich zu **Reaktionsmustern**, die sich einschleifen und situationsunabhängig automatisiert ablaufen. Diese wiederkehrenden Reaktionsmuster im Erleben und Verhalten einer Person bezeichnen wir als Persönlichkeit.

Seit über zweitausend Jahren gibt es überlieferte Bemühungen, die Persönlichkeit von Menschen mit wenigen prägnanten Merkmalen zu beschreiben. Einer der frühesten Versuche stammt von Hippokrates (460–370 v. Chr.), der vier Persönlichkeitstypen beschrieben hat: Melancholiker, Phlegmatiker, Choleriker und Sanguiniker. Die ersten drei Persönlichkeitstypen sind bis heute in der Alltagssprache bekannt. Hippokrates hat also bereits damals wesentliche Merkmale von Persönlichkeit erfasst, die auch heute noch Beachtung finden.

Es gab und gibt immer wieder Versuche, Menschen in Systeme oder Kategorien einzuteilen, sie anhand ihrer Physiognomie zu beschreiben, sie durch Sternzeichen, Eigenschaften, Verhaltensweisen oder ihre Bedürfnisse zu charakterisieren. Persönlichkeitsmodelle versuchen, die Komplexität der menschlichen Persönlichkeit mit wenigen Merkmalen so gut wie möglich zu erfassen. Sie geben Blickrichtungen vor, mit denen man Menschen grob voneinander unterscheiden und abgrenzen kann. Durch diese Vereinfachung und Reduktion werden jedoch immer auch wichtige Perspektiven außer Acht gelassen. In diesem Buch möchten wir Sie anregen, sich ganz individuell zu betrachten und Ihren persönlichen Maßstab für die eigene Entwicklung zu finden. Wir denken, dass es lohnt, und hoffen, dass es Ihnen Spaß macht.

2.1.2 Wie entwickelt sich Persönlichkeit?

Wir entwickeln unsere Persönlichkeit auf der Basis einer genetischen Grundausstattung durch individuelle Lebenserfahrung in einem Wechselspiel zwischen äußeren Einflüssen und ihrer persönlichen Verarbeitung. Neben den individuellen Lebenserfahrungen gibt es jedoch generelle Anforderungen, die das Leben an jeden Menschen stellt:

Entwicklung eines positiven Körpergefühls,
Entwicklung von Grundvertrauen,
Entwicklung von Beziehungsfähigkeit,
Entwicklung eines stimmigen Selbstwertgefühls,
Entwicklung von Normen und Werten,
Entwicklung von Leistungsbereitschaft und
Entwicklung einer selbstverantwortlichen Lebensführung.

Entwicklung eines positiven Körpergefühls

Durch Erfahrungen mit Wärme und Kälte, Bewegung und Berührung, indem wir getragen, gepflegt und gefüttert werden, entwickeln wir ein erstes und grundlegendes Gefühl zum eigenen Körper: «Das bin ich, und ich bin mein Körper.» So entsteht zunächst auf der körperlichen Ebene die Basis aller Selbstwahrnehmung. Auf dieser Grundlage entwickelt sich im Lauf des Lebens ein mehr oder weniger positives Gefühl zum Körper, zur eigenen Beweglichkeit und Leistungsfähigkeit, zu Gesundheit und Sexualität. Die Fragen zur Selbsteinschätzung und zur persönlichen Entwicklung heißen hier: Wie stark, wie sicher und wie fest ist dieser Aspekt meines Persönlichkeitsfundaments? Wie sicher und wie wohl fühle ich mich in meiner Haut, in meinem Körper, mit meiner körperlichen Leistungsfähigkeit, mit meiner Sexualität? In welchem Ausmaß kann ich mich und meinen Körper mögen und akzeptieren?

Entwicklung von Grundvertrauen

Wenn ein Kind grundsätzlich willkommen ist, wenn sich die frühen Bezugspersonen einfühlen, seine Bedürfnisse wahrnehmen, respektieren und befriedigen, entsteht ein Grundvertrauen in die Welt: «Es ist gut und wird auch in Zukunft gut sein.» Dies Vertrauen bildet die Grundlage für alle weiteren Entwicklungsschritte, zum Beispiel in welchem Ausmaß wir auf die Welt und auf andere zugehen und neue

Erfahrungen machen oder Neues ausprobieren. Wenn die frühen Beziehungserfahrungen des Kindes von Desinteresse, Unsicherheit oder Ablehnung der Bezugspersonen geprägt sind, entstehen eher Misstrauen, Pessimismus und Angst. Manche Psychologen gehen davon aus, dass ein Grundvertrauen nicht erst entwickelt werden muss, sondern als Basisempfinden von Anfang an vorhanden ist. Man kann sich vorstellen, dass die neun Monate lange enge und sichere Verbindung zwischen Mutter und Kind während der Schwangerschaft ein Grundvertrauen schafft, das dann durch positive Erfahrungen weiter bestätigt und gefestigt wird – oder im umgekehrten Fall gestört und beeinträchtigt wird. Wenn Sie sich in diesem Aspekt selbst einschätzen wollten, müssten Sie sich also fragen: Wie optimistisch, zuversichtlich und vertrauensvoll ist meine Grundstimmung in Bezug auf meine Lebenssituation, auf andere Menschen und auf die Zukunft?

Entwicklung von Beziehungsfähigkeit

Unsere frühen Beziehungserfahrungen und unser früherworbenes Grundvertrauen haben entscheidenden Einfluss darauf, wie wir später Beziehungen gestalten. Zur Beziehungsfähigkeit gehört, dass wir auf Menschen zugehen, uns einfühlen und abgrenzen, uns in Konflikten behaupten, mit Verletzungen und Frustrationen umgehen und uns auch langfristig binden können. Wenn die frühen Beziehungserfahrungen von Fürsorge, Zuverlässigkeit und Vertrauen geprägt waren, gelingt dieser Lernprozess leichter. Wenn diese Erfahrungen fehlen und Kinder eher Unsicherheit, Ablehnung oder Desinteresse erleben, entstehen oft unsichere Beziehungen, die von Misstrauen, Ambivalenz und emotionalen Verstrickungen geprägt sind. Aus der Bindungsforschung weiß man, dass diese frühen Erfahrungen oft noch nach Jahrzehnten im Beziehungsverhalten nachwirken (vgl. Grawe 1998, S. 398f.). Wenn Sie diese Entwicklungsdimension für sich prüfen wollten, müssten Sie sich fragen: Wie gut bin ich in der Lage, Beziehungen vertrauensvoll, freundschaftlich und liebevoll zu gestalten? Kann ich auf Menschen zugehen und Kontakt aufnehmen? Kann ich in Beziehungen Nähe und Intensität zulassen? Kann ich Beziehungen pflegen und langfristige Bindungen eingehen?

Entwicklung eines stimmigen Selbstwertgefühls

In Beziehungen mit anderen Personen erkennen wir, wie sie uns sehen und was sie von uns halten. Bestimmte Verhaltensweisen sind erwünscht, für andere werden wir kritisiert. Im Wechselspiel zwischen diesem Feedback und dem eigenen Erleben entsteht unser Selbstwertgefühl: «So einer bin ich, das macht mich aus, das ist mein Wert.» Ein positives Selbstwertgefühl bewirkt, dass wir uns etwas zutrauen, und hilft uns, mit schwierigen Situationen, Enttäuschungen und Kränkungen umzugehen. Die Fragen an uns selbst zu dieser Entwicklungsdimension sind: Wie stabil ist mein Empfinden dafür, grundsätzlich in Ordnung zu sein? Wie sicher fühle ich mich hinsichtlich meines grundlegenden Wertes? Wie gut kann ich Fehlschläge und Misserfolge verarbeiten, ohne mich als Person beschädigt zu fühlen?

Das Selbstwertgefühl schafft die Basis für unseren Erfolg und unsere Zufriedenheit im Leben. Deshalb widmen wir diesem Thema ein eigenes Kapitel (2.1.4).

Entwicklung von Normen und Werten

Um uns im Leben zurechtzufinden, brauchen wir Maßstäbe, nach denen wir unser Handeln bewerten können. Diese Maßstäbe werden zunächst durch Eltern und andere wichtige Bezugspersonen gesetzt. Was sie sagen, wie sie urteilen und nach welchen Grundsätzen sie sich verhalten, prägt oft maßgeblich unsere Einstellungen zu anderen Menschen, zu Arbeit und Leistung, zur persönlichen und gesellschaftlichen Verantwortung. Wir erleben Gerechtigkeit, Ehrlichkeit, Freiheit, Fairness, Freundschaft – oder eben auch Ungerechtigkeit, Angriffe, Missgunst und Feindseligkeit. Indem wir die darin zum Ausdruck kommenden Bewertungen übernehmen oder uns von ihnen abgrenzen, entwickeln wir allmählich eigene Wertmaßstäbe für unser Handeln. Die Entwicklung von Werten und Normen ist ein Balanceakt: Zu starre Normen engen ein, zu wenig Normen führen zu Gleichgültigkeit und Orientierungslosigkeit. Um sich in dieser Entwicklungsdimension selbst einzuschätzen, können Sie sich fragen: Wie sicher ist meine innere Orientierung zur Bewertung eigenen oder fremden Verhaltens? Habe ich Maßstäbe, was ich für gut oder böse halte, für ethisch richtig oder falsch? Wie sicher bin ich mir meiner grundlegenden Normen und Werte? Und andersherum: Wie weit kann ich mich von eigenen Maßstäben lösen und mich mit anderen Wertvorstellungen auseinandersetzen?

Entwicklung von Leistungsbereitschaft

Durch die Erfahrung, mit eigenem Verhalten etwas bewirken, Einfluss nehmen und gestalten zu können, entsteht das Gefühl von Selbstwirksamkeit. Im Zusammenspiel mit einem positiven Grundvertrauen und einem soliden Selbstwertgefühl können daraus Tatkraft und eine hohe Leistungsbereitschaft entstehen. Das Erleben der eigenen Selbstwirksamkeit beeinflusst nachhaltig alle weiteren Erfahrungen mit Lernen, Leisten und Arbeit, wie wir mit Anforderungen umgehen, Dinge anpacken oder liegen lassen, etwas als Herausforderung erleben oder als belastenden Berg, der vor uns liegt. Wenn Erfahrungen von Selbstwirksamkeit fehlen, erlebt man sich schnell als Opfer der Umstände, als ausgeliefert und ohnmächtig. Die Fragen zur Selbsteinschätzung in dieser Entwicklungsdimension sind: Wie fest und sicher ist meine Bereitschaft, notwendige Dinge anzupacken? Wie ausgeprägt ist meine Fähigkeit, mich tatkräftig einzusetzen, wenn ich es für sinnvoll erachte – auch wenn es mühevoll ist und Kraft kostet?

Im Kapitel 3. über Motivation und Leistungsbereitschaft gehen wir tiefer auf diese Fragen ein.

Entwicklung einer selbstverantwortlichen Lebensführung

Im Lauf unserer Entwicklung müssen wir lernen, eigenständig zu entscheiden und für uns selbst zu sorgen, Verantwortung zu übernehmen und unser Leben zu gestalten. Wieweit es uns gelingt, unser Leben autonom und selbstverantwortlich zu führen, wird auch von unserem Selbstwertgefühl, unserer Leistungsbereitschaft und den früh erworbenen Werten und Normen mitbestimmt. Manche Frauen werden zum Beispiel mit der Botschaft groß, «Mathematik brauchst du als Mädchen nicht zu können, Zahlen sind Männersache», und haben dann später Mühe, einen Überblick über ihre Finanzen zu behalten oder ein Minimum an Buchführung zu lernen. Manche Männer scheint dagegen die Botschaft «Wäsche und Kochen sind Frauensache» davon abzuhalten, sich selbstverantwortlich um ihren Haushalt zu kümmern. In Bezug auf diese Entwicklungsdimension können Sie sich also fragen: Wie selbstverständlich ist es für mich, mein Leben aktiv selbst zu gestalten, mich selbst zu versorgen, persönliche Entscheidungen zu treffen und dafür die Verantwortung zu übernehmen?

Wahrscheinlich sind Ihnen alle sieben Entwicklungsanforderungen selbstverständlich und vertraut. Sie beschreiben, womit sich jeder Mensch im Lauf seines Lebens immer wieder auseinandersetzen muss. Sie bilden die Grundlage dafür, wie wir im Alltag mit unserem Leben zurechtkommen. Niemand ist in allen Entwicklungsdimensionen perfekt. Jeder hat einige Baustellen, auf denen es etwas zu lernen und zu verbessern gibt. Um sich die Bedeutung der sieben Entwicklungsanforderungen zu vergegenwärtigen, können Sie noch einmal einzeln überprüfen: Wo bin ich wie stark? Wo bin ich mir meiner selbst und meiner Fähigkeiten sicher? In welchen Dimensionen möchte ich mich weiterentwickeln? Wo auch nicht? Wo habe ich etwas zu lernen?

Auch wenn in den ersten Lebensjahren die wesentlichen Persönlichkeitsstrukturen gebahnt werden, bleibt persönliche Entwicklung ein lebenslanger Prozess. Schwierige Erfahrungen aus der frühen Lebensgeschichte können durch positive spätere Erfahrungen kompensiert und korrigiert werden. Wir können auch im Erwachsenenalter noch lernen, zu vertrauen, zu verzeihen oder einen Konflikt zu riskieren. Nur wird der emotionale Aufwand für solche korrigierenden Lernprozesse mit steigendem Alter größer.

2.1.3 Wie viel Verhaltensänderung ist möglich?

Bisher haben wir beschrieben, wie sich die Persönlichkeit unter normalen Lebensumständen entwickelt und welche grundlegenden Fähigkeiten Menschen auf dem Weg ihrer Persönlichkeitsentwicklung erwerben müssen. Wenn man sich in wichtigen Aspekten der Persönlichkeit gezielt verändern will, stellt sich die grundsätzliche Frage: Wie weit sind Erleben und Verhalten genetisch bedingt, und wie weit sind sie lernbar? Was können wir im Erwachsenenalter noch neu oder umlernen, und wo sind die Grenzen?

Der Behaviorist John Watson vertrat bereits in den 1920er Jahren die Auffassung, durch Erziehung aus jedem Kind einen Arzt, Rechtsanwalt, Künstler, Bettler oder Dieb machen zu können, unabhängig von seinen Anlagen oder seiner Herkunft. Diese Vorstellung erlebte im Zeitgeist der 1960er und 1970er Jahre eine Renaissance. Man glaubte, der Mensch komme als weitgehend unbeschriebenes Blatt auf die Welt und entwickle sich primär durch den Einfluss der Umwelt. Allein durch die richtige Erziehung könne ein «neuer Mensch» geschaffen werden. Die Euphorie, mit der man fast jede Entwicklung zu jedem Zeitpunkt für möglich hielt, ist inzwischen verflogen. Die Zwillingsforschung hat die Entwicklung getrennt aufwachsender eineiiger Zwillinge systematisch untersucht und diese mit der Entwicklung von gemeinsam aufwachsenden ein- und auch zweieiigen Zwillingen verglichen. Inzwischen ist unbestritten, dass auch die genetische Disposition einen großen Einfluss auf unsere Persönlichkeitsentwicklung hat.

Nach Ansicht des Hirnforschers Gerhard Roth sind 40 bis 50 Prozent der Persönlichkeit genetisch bestimmt, ca. 30 bis 40 Prozent gehen auf das Konto von Prägungs- und Erlebnisprozessen im Alter zwischen null und fünf Jahren. Nur etwa 20 Prozent der Persönlichkeitsstruktur sei durch spätere Erlebnisse und durch elterliche und schulische Erziehung beeinflusst (vgl. Roth 2001, S. 353). Wenn mit Abschluss der ersten fünf Lebensjahre noch 20 bis maximal 30 Prozent der Persönlichkeit beeinflusst bzw. verändert werden können, ist das mehr, als es zunächst scheint. Stellen Sie sich einen Mann vor, der von einem Seminar oder einer Beratung zurückkommt und anfängt, Konflikte, denen er jahrzehntelang aus dem Weg gegangen ist, auf den Punkt zu bringen. Auch wenn sich vielleicht nur ein Prozent des Gesamtverhaltens ändert, wird es enorme Auswirkungen im Privatleben wie im Beruf geben. Man wird sagen, er sei ja kaum wiederzuerkennen, obwohl er sich nur in einem – wenn auch wichtigen – Aspekt seiner Persönlichkeit verändert hat.

Andererseits bedeuten diese Forschungsergebnisse aber auch, dass die meisten Menschen die Persönlichkeitsmerkmale, die sie bereits im Schuleintrittsalter gezeigt haben, mehr oder weniger beibehalten (zum Beispiel sich extrovertiert, emotional stabil, offen, verträglich oder gewissenhaft zu verhalten). Im Einzelfall sind aber durchaus grundlegende Veränderungen möglich. Besonders bei Klassentreffen ehemaliger Schüler kann man erleben, wie sich manche Menschen kontinuierlich oder auch durch markante Lebenseinschnitte verändern. Man trifft einige Mitschüler nach Jahrzehnten wieder und hat den Eindruck, dass sie sich in ihrer Art zu sprechen, sich zu bewegen, zu lachen, dominant oder zurückhaltend zu sein, kaum verändert haben. Aber es sind eben auch Überraschungen dabei. Einige haben Entwicklungen genommen, die man sich während der Schulzeit kaum vorstellen konnte.

Zahlreiche Forschungen belegen, dass sich die Persönlichkeit bis ins Alter hinein verändern kann, und manche Menschen fangen gerade jenseits der Sechziger damit an, ihr Leben noch einmal grundsätzlich auf den Kopf zu stellen. Allerdings besteht auch Einigkeit darüber, dass sich die Persönlichkeit mit zunehmendem Alter stabilisiert. Und das bedeutet eben auch: Der Aufwand für eine persönliche Veränderung wird mit zunehmendem Alter größer.

Warum ist Verhaltensänderung so schwer?

Unabhängig vom Alter fragen sich viele Menschen, die sich verändern wollen, warum eine dauerhafte Verhaltensänderung so schwerfällt. Trotz Einsicht und guter Vorsätze, trotz bester Methoden und Ratschläge kommen wir oft nicht zum gewünschten Ergebnis. Warum reicht es nicht aus, wenn wir uns etwas vornehmen? Können wir über unser Handeln nicht frei und bewusst entscheiden?

Unser Alltagserleben suggeriert uns, unser Verhalten aktiv und bewusst zu steuern. Das trifft für einen Teil unseres Verhaltens natürlich auch zu: Ich sehe morgens in meinem Kalender, dass ich um 16 Uhr einen Termin beim Kunden habe, und gehe um 15 Uhr aus dem Haus, um rechtzeitig dort zu sein. Das ist ein Vorgang, den wir mit bewusster Aufmerksamkeit steuern. Daneben besitzen wir aber eine erfahrungsbedingte Verhaltenssteuerung, die nach ganz anderen Gesetzen funktioniert. Sie verläuft unbewusst und intuitiv. Wenn das Telefon klingelt, hebe ich den Hörer ab. Wenn mich jemand grüßt, grüße ich zurück. Wenn ein Auto kommt, bleibe ich stehen und überquere die Straße lieber nicht. Wenn mich jemand nach der Uhrzeit fragt, gebe ich eine Antwort. All das passiert wie von selbst ohne Nachdenken, Entscheidung, Konzentration und Aufmerksamkeit. Wir haben **Verhaltensmuster** oder Verhaltensprogramme parat, die dann angewandt werden, wenn sie für die jeweilige Situation passen. Wie entscheiden wir, ob ein «fertiges Programm» passt oder nicht? Unser Gehirn entscheidet darüber autonom und in der Regel ohne Bewusstheit. Meistens gelingt diese Entscheidung perfekt und ohne jegliche Irritation, manchmal jedoch auch nicht:

Wenn wir ein neues Verhalten entwickeln wollen, behindern uns oft eingefahrene Gewohnheiten. Wer sich zum Beispiel vorgenommen hat, seinem Chef bei der nächsten Auseinandersetzung endlich mal hart die Meinung zu sagen, wird möglicherweise merken, dass er im entscheidenden Moment dann doch vorsichtig ist. Irgendetwas im Inneren hat sich im letzten Augenblick «umentschieden». Statt des Vorsatzes ist ein eingeschliffenes Verhaltensprogramm abgelaufen, und man hat sich wieder so verhalten wie immer. In der kritischen Situation wirken eben auch andere Kräfte als die der bewussten Entscheidung.

Um diesen Vorgang zu erklären, möchten wir ein Bild benutzen: In modernen Schiffen gibt es die Handsteuerung und die Steuerung per Autopilot. Im Schiff schaltet man den Autopiloten aktiv ein oder aus. Wenn er ausgeschaltet ist, wird ausschließlich von Hand gesteuert. Auch Menschen besitzen einen komplexen Autopiloten, der das Verhalten steuert. Er ist im Hintergrund immer aktiv und lässt sich nicht wirklich abschalten. Er überprüft zu jedem Zeitpunkt, ob das, was wir tun und vorhaben, nach aller bisherigen Lebenserfahrung für uns gut und richtig ist. Wenn wir nicht gerade konzentriert und bewusst handeln, steuert uns dieser Autopilot intuitiv durchs Leben.

Wir sind auf beide Steuerungsmechanismen angewiesen, den bewussten ebenso wie den automatisierten. Unser Bewusstsein zeigt seine Stärke besonders in wichtigen, neuen und komplexen Situationen, in denen Aufmerksamkeit und Konzentration erforderlich sind. Bewusste Entscheidungsprozesse sind aufwendig, dauern lange und beanspruchen viel Energie. Die Masse der Reaktionen und Handlungen, die wir im Alltag vollbringen müssen, kann vom Bewusstsein allein nicht bewältigt werden. Der Autopilot übernimmt den größten Teil unserer Handlungen mit seiner lebenserfahrenen Routine-Steuerung, die extrem schnell funktioniert und wenig Energie benötigt. Seine besondere Stärke liegt in der intuitiven Einschätzung, was gut und richtig ist. Sie hat aber auch Nachteile, denn sie lässt uns spontan und intuitiv so reagieren, wie wir immer schon reagiert haben. Mit offenen Konflikten haben wir schon oft schlechte Erfahrungen gemacht, also vermeiden wir Konflikte. In der Schule wurden wir für vorlaute Zwischenrufe bestraft, also halten wir uns in Diskussionen zurück. Jemand hat die Erfahrung gemacht, dass man etwas wagen muss, um zu gewinnen, also neigt er zum Risiko. Solange wir unser Verhalten nicht aktiv per Hand, d. h. mit bewusster Konzentration, steuern, bewegen wir uns auf eingefahrenen, im Sinn der eigenen Persönlichkeit konservativen Gleisen.

Wenn wir ein neues Verhalten lernen wollen, das unserer bisherigen Erfahrung und Lebensweisheit widerspricht, meldet uns der Autopilot ein ungutes Gefühl im Bauch. In der Hirnforschung spricht man von «somatischen Markern» (vgl. Damasio 2001, S. 55 ff.). Das sind Körpersignale, die uns spontan angenehme oder unangenehme Gefühle vermitteln und damit unser Verhalten steuern. Diesen Gefühlen können wir uns fügen – dann passen wir unser Verhalten unseren Empfindungen und damit unserer bisherigen Lebenserfahrung an. In den meisten Fällen ist dies ein sinnvoller Weg, denn im diffusen «Bauchgrummeln», einer starken Anspannung oder inneren Unruhe steckt geronnene Lebenserfahrung, die wir für unsere Entscheidungen nutzen sollten. Oder wir gehen aktiv, bewusst und konzentriert dagegen an und entscheiden uns: Trotz aller unangenehmen Empfindungen werde ich mich anders verhalten. Auch in diesem Fall ist es ratsam, die eigenen emotionalen Argumente und Bauchgefühle nicht einfach zu übergehen. Wir sollten versuchen, sie wahrzunehmen und ihre Bedeutung zu verstehen. Auf diese Weise können wir Gefühl und Verstand in einer guten Verbindung halten (vgl. auch 3.2.2 und 3.2.3).

Persönliche Veränderungen, die mit einem Neulernen oder Umlernen verbunden sind, erfordern zu Beginn eine bewusste Handsteuerung. Je weiter neues Verhalten von bisheriger Erfahrung, Intuition, Einstellungen und Überzeugungen abweicht, desto aufwendiger und anstrengender kann die Veränderung werden. Das Veränderungsmotiv muss dann schon sehr stark sein, damit wir unsere Gewohnheiten, Ängste und Widerstände überwinden können. Bis ein neues Verhalten irgendwann in unserem Repertoire verankert ist, sind Übung und viele Wiederholungen erforderlich. Man sollte sich deshalb trotz vieler anderslautender Beteuerungen in der Ratgeberliteratur keine Illusionen machen: Gezielte persönliche Veränderungen sind in der Regel anstrengend. Lernen und Veränderung erfordern Konzentration, Bewusstheit und die Bereitschaft zur Auseinandersetzung mit lieb gewonnenen Gewohnheiten. Vor allem erfordern sie den Mut, etwas Neues auszuprobieren und bei ersten Fehlschlägen einen zweiten und dritten Versuch zu wagen.

2.1.4 Welche Bedeutung hat das Selbstwertgefühl?

Das Selbstwerterleben entscheidet maßgeblich über unser Wohlbefinden und unsere Zufriedenheit in der Welt. Wie wir an selbst gesetzte Aufgaben herangehen, wieweit wir uns selbst fordern oder eher schonen, was wir uns zutrauen, wie wir andere Menschen behandeln und uns behandeln lassen, wie wir mit Konflikten, Misserfolgen oder Kränkungen umgehen – immer ist unser Verhalten stark von unserem Selbstwertgefühl beeinflusst. Man könnte auch sagen: Das Selbstwertgefühl steuert unser Verhalten immer mit. Um diese Prozesse zu veranschaulichen, werden wir folgenden Fragen nachgehen:

• Was verstehen wir unter Selbstwertgefühl?
• Wie entsteht das Selbstwertgefühl?
• Wie können schwierige Ausgangsbedingungen verarbeitet werden?

Was verstehen wir unter Selbstwertgefühl?

Das Selbstwertgefühl ist das grundlegende Gefühl zu uns selbst. Es spiegelt den Wert wider, den wir uns selber zuschreiben.

Es wirkt meistens wie ein leiser Hintergrundton und macht sich erst bemerkbar, wenn wir Erfolg oder Misserfolg intensiv erleben. Ein positives Selbstwertgefühl begegnet uns in unterschiedlichsten Empfindungen wie Stolz, Zuversicht, Zutrauen, Mut, Tatendrang, Sicherheit, Zugehörigkeit und Geborgenheit sowie in Überzeugungen von Kompetenz und Überlegenheit. Ein negatives Selbstwertgefühl macht sich bemerkbar durch Mutlosigkeit, Selbstzweifel, Unsicherheit, Angst, Hilflosigkeit und Scham sowie durch Überzeugungen von Inkompetenz und Unterlegenheit.

Das Fundament unseres Selbstwertgefühls wird bereits in den ersten 18 Lebensmonaten gelegt. In einer Zeit, in der wir noch nicht sprechen und über uns selbst nachdenken können und an die wir keine bewussten Erinnerungen haben, entsteht durch positive Beziehungserfahrungen das **Grundvertrauen.** Man kann nur durch Einfühlung und im Nachhinein mit Worten umschreiben, was ein Säugling in dieser Zeit möglicherweise erlebt: «Es ist gut und wird auch in Zukunft gut sein. Ich bin in dieser Welt willkommen und habe hier meinen sicheren Platz.»

Ein positives Grundvertrauen wird gefördert, wenn ein Säugling erlebt, dass er wahrgenommen und geliebt wird und dass seine Bedürfnisse respektiert und befriedigt werden. Das Erleben ist jedoch kein passiver Prozess, Wahrnehmung keine bloße Reflexion der Umwelt. Die Entwicklung des Säuglings beruht schon in diesem Alter darauf, wie er die Einflüsse seiner Umwelt verarbeitet, ob er Zuwendung, Freundlichkeit und liebevollen Körperkontakt auch empfinden und annehmen kann, ob er seine Zufriedenheit ausdrücken und seiner Umgebung mitteilen kann. Hier entstehen schnell sich selbst verstärkende Rückkopplungsprozesse: Ein vertrauensvolles Kind erwartet von der Umgebung Gutes und verhält sich in der Folge offener, freundlicher und zugewandter. Es zeigt Freude, wenn man sich mit ihm beschäftigt, lacht vor Wonne, wenn man mit ihm seine liebsten Spiele spielt. All das verstärkt die Bereitschaft der nahen Bezugspersonen, sich weiterhin freundlich, liebevoll und zugewandt zu verhalten. Im umgekehrten Fall entstehen negative Teufelskreise: Ein ängstlich und unsicher gewordenes Kind verhält sich entsprechend, lächelt weniger, schreit, quengelt und stört. Die Unzufriedenheit des Kindes ist für die Bezugspersonen schwer auszuhalten, sie reagieren mürrisch, vorwurfsvoll und ablehnend. Das Kind verstärkt seine Reaktionen und hält damit ebenfalls den negativen Kreislauf in Gang.

Die emotionalen Lebenserfahrungen der ersten 18 Lebensmonate bleiben im weiteren Verlauf des Lebens als Hintergrundempfindung erhalten. Sie begleiten uns wie tiefe Grundtöne einer schwingenden Bass-Saite. Dieser Klang gibt uns Halt und Sicherheit, wenn die Erfahrungen gut waren. Andererseits kann er uns verunsichern und schwächen, wenn die bedeutsame erste Lebenszeit unsicher, lieblos oder resonanzarm erlebt wurde.

Wir sind durch unsere frühen Erfahrungen lebenslang beeinflusst. Dennoch kann der Klang der Bass-Saite durch korrigierende positive Erfahrungen ihre Wirkung verändern.

Die zweite Grundlage des Selbstwertgefühls ist das **Selbst-Bewusstsein**. Ein neugeborener Säugling ist sich seiner selbst noch nicht bewusst. Er hat Empfindungen, kann Kontakt aufnehmen, sich abgrenzen und vieles mehr. Er entwickelt, wie oben beschrieben, auch ein Gefühl für sich und die Umwelt, aber er denkt nicht über sich nach. Er kann noch nicht sagen oder denken: «Das bin ich, und dies oder jenes macht mich aus.» Das Bewusstsein über den eigenen Wert setzt Reflexionsfähigkeit voraus, die zunächst noch nicht vorhanden ist: Diese Fähigkeit taucht in einfacher Form meist im Alter zwischen 18 und 24 Monaten auf und entwickelt sich bis ins Erwachsenenalter fort. Ein Kind, das interessiert am eigenen Spiegelbild ist und sich darin erkennt, hat schon große Schritte hinter sich gebracht. Es ist sich seiner selbst bewusst: «Das bin ich.» Von allen Säugetieren sind außer dem Menschen nur Schimpansen zu dieser inneren Distanznahme und Abstraktionsleistung fähig. Wenn man Schimpansen einen roten Punkt auf die Stirn malt und ihnen ihr Spiegelbild zeigt, fassen sie sich mit dem Finger an die eigene Stirn. Sie sehen das Gegenüber mit dem roten Punkt und scheinen zu wissen: «Das bin ich.»

Das Bewusstsein von uns selbst, wer wir sind und was uns ausmacht, entsteht – ähnlich wie das Grundvertrauen – zunächst durch Rückmeldungen von außen, die wir in jeder nur denkbaren Interaktion erhalten. Einfluss haben gleichermaßen direkte wie auch nicht direkt ausgesprochene «**Beziehungsbotschaften**». Das freundliche Gesicht der Mutter sagt uns: «Du bist ein nettes, ein hübsches, ein braves, ein kluges Kind.» Das Nachbarkind, das zum Spielen kommt, drückt aus: «Du bist einer, mit dem man gern spielt.» Der kritische Lehrer vermittelt, ohne es direkt zu sagen: «Du bist eine Niete im Rechnen.» Der Arzt sagt bei der Impfung: «Du bist ein tapferes Kind.»

Alle bewertenden Zuschreibungen verarbeiten wir auf der Grundlage unserer frühen Erfahrungen. Je besser unser Grundvertrauen entwickelt ist, das heißt, je sicherer und harmonischer die Bass-Saite unseres Selbstwertgefühls schwingt, desto eher können wir positive Rückmeldungen und Erfolge erleben und in unser Selbstbild integrieren. Wenn das Grundvertrauen dagegen nur schwach entwickelt ist, können positive Erfahrungen schlechter integriert werden. Sie fallen dann statt auf einen gut gedüngten Acker auf dürren Sandboden oder im schlimmsten Fall wie durch ein Sieb. So erklärt sich, dass manche Menschen noch so viel äußere Erfolge haben und trotzdem im Innersten nicht mit sich zufrieden sein können.

Mit zunehmender Reife spielen eigene Denk-, Gefühls-, Vergleichs- und Bewertungsprozesse eine größere Rolle. Äußere Rückmeldungen werden dann geistig verarbeitet, verinnerlicht, relativiert oder verworfen. Das Kind macht sich seinen eigenen Reim auf die unterschiedlichen Rückmeldungen. Es vergleicht sie mit dem eigenen Erleben und vergleicht sich mit anderen Menschen. Dieser Vorgang ist niemals abgeschlossen und wird uns ein Leben lang beschäftigen. Wenn er gut gelingt, können wir mit Gelassenheit empfinden und sagen, was uns ausmacht, was wir können und was nicht. Wenn wir ein ausreichend positives Selbstbild und Selbstwertgefühl entwickelt haben, können wir Erfolge und positive Rückmeldungen ebenso verarbeiten wie Misserfolge und Kritik.

Um ein positives Selbstwertgefühl zu entwickeln, brauchen wir von unserer Umwelt positive Unterstützung. Am wichtigsten ist die Erfahrung von freundlicher Zuwendung und Anerkennung. Wenn wir allerdings grenzenlose Akzeptanz erleben, kann die Wirkung ins Gegenteil umschlagen.

Um einen eigenen Maßstab für unser Verhalten zu entwickeln, brauchen wir auch konstruktive, das heißt verkraftbare Grenzsetzung und Kritik. Grenzen und Kritik müssen nachvollziehbar sein, damit wir verstehen, warum andere unser Verhalten kritisch bewerten. Fortwährende oder nicht nachvollziehbare Kritik behindern die Entwicklung des Selbstwertgefühls ebenso wie grenzenlose Akzeptanz. Diese kritischen Entwicklungsbedingungen wollen wir etwas näher beschreiben.

Grenzenlose Akzeptanz

Ein gesundes und robustes Selbstwertgefühl haben wir, wenn wir unsere Stärken ebenso wie unsere Schwächen erkennen und als zu uns gehörig akzeptieren können. Dafür benötigen wir mehr als nur Anerkennung und Bestätigung. Um einzuschätzen, worauf wir stolz sein können und wofür wir uns selbst wertschätzen, brauchen wir ein realistisches Bild von uns selbst.

Realistisch bedeutet nicht objektiv, sondern dass unsere Selbsteinschätzung einigermaßen mit dem übereinstimmt, wie wir von den wichtigsten Menschen unserer Umgebung gesehen werden.

In der ganz frühen Phase der Selbstwertentwicklung ist unbedingte Akzeptanz des Säuglings sinnvoll und förderlich. Es macht in dieser Zeit keinen Sinn, ihn zu kritisieren, wenn er zu gierig trinkt, wenn er sich verschluckt, wenn er wegen seiner Blähungen nervenaufreibend schreit, wenn er die Eltern nachts weckt, erst spät anfängt zu krabbeln oder nach 15 Monaten noch nicht spricht. Ein Kleinkind kann diese Kritik weder geistig verarbeiten noch sein Verhalten durch Nachdenken und Verstehen steuern. Wir können zwar Einfluss auf das Verhalten eines Kleinkinds nehmen, aber Kritik ist weder angemessen noch förderlich.

Wenn ein Kind aufgrund seiner körperlichen und geistigen Reife zunehmend Verantwortung für sein Verhalten übernehmen kann, braucht es auch Orientierung und Grenzen. Eltern, die dann immer noch unbegrenzt alles gutheißen und akzeptieren, tun ihren Kindern keinen Gefallen. Durch Grenzen und kritische Rückmeldungen bekommen Kinder auch eine Orientierung, welche Verhaltensweisen erwünscht sind und welche nicht: «Ich möchte nicht, dass du deinen Bruder schlägst.» Oder: «Ich will nicht, dass du dich auf den Boden wirfst und kreischst.» Oder: «Du sollst nicht mit den Stiften auf die Tapete malen.» Wer ohne jede Kritik und ganz ohne Grenzen aufwächst, hat keinen Halt, keine Bezugsgröße, keine Orientierung: Er erlebt keine Sicherheit darin, was gut ist und was nicht. Er kann nicht einschätzen, ob das, was die Umgebung akzeptiert, auch wirklich gut ist. So kann im Lauf der Jahre trotz erlebter Akzeptanz und vielfältiger Bestätigung ein unsicheres Selbstwertgefühl entstehen.

Nicht einschätzbares Feedback und Verhalten

Schwierig zu verarbeiten sind auch Rückmeldungen, die beliebig erscheinen: Mal soll ich nachfragen, wenn ich nicht verstehe, dann werde ich dafür ungeduldig als Nervensäge bezeichnet. Mal wird erwartet, dass ich helfe, dann wieder soll ich mich nicht einmischen. Mal soll ich selbständig entscheiden, dann wird jeder kleinste Fehler bestraft. Mal bin ich willkommen, dann wieder eine Last. Widersprüchliche Bewertungen lassen sich im Leben nicht vermeiden. Wichtig ist aber, dass das Kind die Reaktion der Eltern einschätzen und verstehen kann. Wenn Eltern ihren Kindern erklären, dass sie gerade Stress haben, ist es für ein Kind leichter zu verstehen, dass es jetzt nicht mit Fragen stören soll. Es kann auch differenzieren, dass in anderen Situationen ein anderes Verhalten gewünscht ist. Wenn Reaktionen und Bewertungen aber nicht nachvollziehbar sind, erscheinen sie dem Kind unberechenbar und beliebig. Im Einzelfall ist das verkraftbar, aber die Dosis ist entscheidend: Neigen Eltern zu einem Schwarzweiß-Denken und fallen in ihrem Erleben und Verhalten immer wieder von einem Extrem ins andere, entsteht für das Kind eine Orientierungslosigkeit, die im weiteren Entwicklungsverlauf zu einem schwankenden Selbstwertgefühl führen kann.

Wer vorwiegend negative Erfahrungen von Missachtung, Kritik oder Herabsetzung macht, hat es schwer, ein positives Selbstwertgefühl zu entwickeln. Kritische Einflüsse können vielfältig sein und im Einzelfall harmlos erscheinen: Kinder bemerken, dass sie stören oder nicht willkommen sind. Sie finden keine Freunde und werden im Unterschied zu anderen Schulkameraden nicht zum Geburtstag eingeladen. Sie bringen schlechte Schulleistungen und merken, dass Eltern und Lehrer ihnen keine anspruchsvollen Aufgaben zutrauen. Sie erleben, dass man sich über sie lustig macht oder sie beim Spielen ausgrenzt. Ob solche Einflüsse eine negative Wirkung entfalten oder konstruktiv verarbeitet werden können, hängt von ihrer Dosis und von korrigierenden positiven Erfahrungen ab. Im ungünstigen Fall werden die Erlebnisse unmittelbar dem eigenen Minderwert zugeschrieben. Dann entsteht ein Selbstbild, das von Selbstzweifeln, Unsicherheit und Selbstkritik geprägt ist.

Wie werden schwierige Ausgangsbedingungen verarbeitet?

Wir unterscheiden idealtypisch drei Wege, wie Menschen schwierige Erfahrungen verarbeiten: passiv-hinnehmend, aktiv-verarbeitend oder kompensatorisch-überdeckend. Diese Wege sind in der Realität selten so getrennt, wie wir sie hier beschreiben. Sehr oft gibt es Mischformen, und vermutlich hat jeder Mensch von jedem etwas – allerdings in unterschiedlichem Ausmaß.

Passiv-hinnehmend

Manche Menschen verarbeiten schwierige und schmerzhafte Erfahrungen auf eine passiv-hinnehmende Weise: «Jawohl, so scheint es zu sein, mit mir ist wirklich nichts los.» Sie fügen sich in ihr Schicksal und übernehmen die negativen äußeren Zuschreibungen oder Verunsicherungen in ihr Selbstbild. Sie trauen sich wenig zu, fühlen sich ängstlich, vorsichtig und tendenziell minderwertig. Sie verhalten sich eher zurückgenommen und werden vermutlich immer wieder ähnliche und ihr negatives Selbstbild bestätigende Erfahrungen machen, weil ihnen Mut und Antrieb fehlen, sich anders zu verhalten oder sich andere Umgebungen zu suchen.

Aktiv-verarbeitend

Entwicklungen können aber auch anders verlaufen. Manche Menschen entwickeln umgekehrt eine aktiv-verarbeitende Weise, mit ihren Kränkungen und frühen negativen Erfahrungen umzugehen. Sie gehen auf ihre Umwelt zu nach dem Motto: «Ich werde herausfinden, was in mir steckt und wozu ich fähig bin.» Sie lassen sich nicht niederdrücken, sondern treten an zum Gegenbeweis. Ihre Devise lautet: «Jetzt gerade!» Mit dieser Haltung machen sie früher oder später positive Erfahrungen, die dann erste Grundbausteine für ein positiveres Selbstwertgefühl sind. Während die erste Variante einen negativen Teufelskreis hervorruft, erschafft dieses Vorgehen einen Engelskreis: Je mehr mir gelingt, desto optimistischer werde ich und umso selbstsicherer gehe ich an die nächsten Aufgaben heran.

Bei diesem Vorgang werden nicht einfach alte negative Erfahrungen von neuen und positiven Erfahrungen überdeckt. Aktiv-verarbeitend bedeutet vielmehr, dass der Klang der alten Bass-Saite eine wirkliche Veränderung erfährt. Indem sich neue Erfahrungen assoziativ mit alten verknüpfen, ändert sich das Erleben insgesamt. In der Analogie des Klangbildes fügen sich weitere Töne zum ursprünglichen Bassklang hinzu, sodass ein Akkord aus mehreren Tönen entsteht, der ganz anders erlebt und empfunden wird als die Einzeltöne, aus denen er besteht.

Ein Beispiel soll dies veranschaulichen: Stellen Sie sich einen jungen Mann vor, der über wenig positive Grunderfahrungen verfügt und sich in der Folge eher zurückgezogen und misstrauisch gegenüber anderen Menschen verhält. Eines Tages lernt er dennoch eine reizende junge

Frau kennen, die sich durch seine Schroffheit und seine anfänglich abweisende Art nicht verunsichern lässt. Er gewinnt allmählich Vertrauen und verliebt sich in die junge Dame. Er erlebt Zutrauen, Nähe, Geborgenheit, die er in dieser Form nie kennengelernt hat, weder heute noch in seiner frühen Kindheit. Bei all dem Schönen, das er heute erleben kann, mischen sich natürlich schmerzhafte Empfindungen in die angenehme Verliebtheit. Assoziativ werden alte Sehnsüchte wachgerufen, schließlich erlebt er jetzt das, was er als Kind vermissen musste. Wenn es ihm nun gelingt, die alten Schmerzen nicht einfach zu übergehen oder sich selbst dafür zu entwerten, kann es zu einer wirklichen Entwicklung kommen: Der Klang der Bass-Saite verknüpft sich dann unmittelbar mit einem neuen, positiven Erlebnis, und die Töne des neu gewonnenen Vertrauens werden auch zukünftig in ähnlichen Situationen mitschwingen.

Kompensatorisch-überdeckend

Manche Menschen können die früh erlebten Zurückweisungen, Entwertungen sowie das dabei entstehende negative Selbstwertgefühl nicht aushalten. Sie schaffen sich kompensatorisch-überdeckend eine neue Wirklichkeit. Dieser Vorgang ist relativ komplex:

Im ersten Schritt reagieren diese Menschen mit Anpassung. Sie entwickeln feinste Außenantennen und finden damit heraus, wie sie sein sollen, wie man sie haben will und wie sie sich verhalten müssen, um Bestätigung zu bekommen. Sie merken mit Freude und Erleichterung, wenn andere zufrieden mit ihnen sind, und identifizieren sich mit deren Bild von ihnen. Jetzt werden sie gemocht, anerkannt und anscheinend geliebt. So entsteht kompensatorisch-überdeckend eine neue «Wirklichkeit», in der das eigene Selbstbild aufgewertet ist. Tragischerweise beruht die Bestätigung und Anerkennung aber auf Anpassung und gilt nicht ihrem «wahren Selbst». Im Lauf der Zeit verlieren diese Menschen immer mehr das Gefühl dafür, wer oder was sie wirklich sind, was sie von sich selbst oder was andere von ihnen halten, ob die

Bewertung auf Anpassung beruht oder darauf, wie sie wirklich sind. Natürlich kann so kein realistisches Selbstbild entstehen.

Zunehmend wird das alte, negative Selbstbild eingekapselt zugunsten eines neu erschaffenen, positiven, überwertigen und manchmal grandiosen Selbstwertgefühls, das allerdings höchst anfällig und unstimmig ist.

Um das labile, positive Selbstwertgefühl zu sichern, spaltet die Person kritische Erfahrungen ab und lässt nur noch das gelten, was der eigenen, erwünschten Ansicht über sich selbst entspricht. Wer Kritik übt, wird schnell zum Feind erklärt.

Während die Person bei der aktiven Verarbeitung mit sich selbst und anderen Menschen um eine realistische Einschätzung ihrer selbst und ihrer Leistung ringt, bleibt hier die eigentliche Selbstwertstörung unverarbeitet. Nebeneinander und unverbunden existieren nach wie vor zwei entgegengesetzte Empfindungen sich selbst gegenüber. Ein bekämpftes Gefühl von schmerzhafter Unsicherheit und ein erwünschtes Gefühl von Erfolg und Glanz.

Dieser Verarbeitungsmodus führt bei starker Ausprägung zu einer sogenannten narzisstischen Persönlichkeitsstörung. Wir werden im Kapitel 4 «Einfluss nehmen» ausführlich darauf zurückkommen, um zu zeigen, warum sich diese Störung oft mit Macht paart und welche Konsequenzen dies für die Beteiligten hat.

2.2 Anregungen zur persönlichen Entwicklung

Das Selbstwertgefühl strahlt auf unser gesamtes Erleben und Verhalten aus. Wegen dieser besonderen Bedeutung möchten wir Ihnen hier zunächst einige grundsätzliche Anregungen zur Stärkung des Selbstwertgefühls geben.

Ein positives Selbstwertgefühl bedeutet, sich selbst mit den eigenen Stärken und Schwächen zu kennen und zu akzeptieren. Das bedeutet nicht, dass wir von uns selbst in jeder Situation begeistert sein müssen. Untersuchungen haben aber gezeigt, dass eine leicht rosa gefärbte

Selbstsicht nützlich ist (Grawe 1998, S. 418 ff.). Menschen, die von sich selbst ein wenig eingenommen sind, ohne dabei ins Unrealistische abzuheben, kommen besser durchs Leben und sind besonders selten psychisch krank oder auffällig.

Was kann man tun, um das eigene Selbstwertgefühl zu stärken? Leider gibt es dafür keinen Stellknopf, der sich einfach betätigen ließe. Da das Selbstwertgefühl langsam in Jahrzehnten entstanden ist, sollten Sie keine Wunder erwarten. Dennoch ist es möglich, sich in diesem zentralen Aspekt der eigenen Persönlichkeit zu entwickeln. Dafür gibt es verschiedene Ansatzpunkte:

Stärken bewusst machen

Wer die eigenen Stärken kennt, steigert sein Selbstwertgefühl. Mit Hilfe einer differenzierten Selbstreflexion über alle wichtigen Lebensbereiche können Sie sich ein fundiertes Bild Ihrer Stärken erarbeiten. Wenn Sie verinnerlicht haben, was Sie können, wo Sie stark und erfolgreich sind, was Sie geleistet haben und womit Sie zufrieden sind, wo Sie geliebt und unterstützt werden, können Sie mit konkreten Selbstwertzweifeln anders umgehen. Misserfolge erscheinen dann in einem anderen Licht und verlieren ihre destruktive Kraft, wenn sie im Zusammenhang mit Erfolgen gesehen werden.

Um sich einen Überblick über Ihre Stärken und Ressourcen zu verschaffen, überlegen Sie sich, in welchen Lebensthemen und -bereichen Sie sich besonders stark, sicher und zufrieden fühlen. Besonders wichtig für die Stärkung des Selbstwertgefühls ist auch der Blick auf die bewältigten Krisen und Misserfolge in Ihrem Leben und was Sie daraus gelernt haben. Wo sind Sie gescheitert und wieder aufgestanden? Welche Schwierigkeiten haben Sie überwunden und sind daran gewachsen?

Eine weitere Möglichkeit besteht darin, kritische Verhaltensweisen in ein neues Licht zu rücken und die **Stärke in der Schwäche** zu suchen.

41

Manchmal entdeckt man, dass ein Verhalten, obwohl es vordergründig negativ wirkt, positive Nebenwirkungen hat. Wer sich immer zurückhält, kann zum Beispiel keine Fehler machen, wer andere oft unterbricht, kommt selbst zu Wort usw. Oder Sie entdecken, dass die kritische Eigenschaft nur die Übertreibung einer eigentlich guten Eigenschaft ist: Wer sich wenig zutraut, ist vorsichtig und bescheiden, wer sich Selbstvorwürfe macht, ist kritisch mit sich.

Selbstwertzweifel konkretisieren und überprüfen

Manchmal bekommt ein einzelner Misserfolg eine so durchschlagend negative Wirkung, dass er auf das gesamte Erleben abfärbt. Wie ist das zu erklären? Wie kann eine einzelne Erfahrung so dominant auf das Erleben einwirken? Diese Wirkung entsteht durch die emotionale Verknüpfung einzelner Erlebnisse mit anderen Situationen, in denen wir bereits ähnlich empfunden haben. Das können Sie sich so vorstellen, als würde das aktuelle Erlebnis eine Ankerleine auswerfen und sich an alten, oft unverarbeiteten Erfahrungen festmachen. Dadurch wird ein einzelnes Erlebnis generalisiert. Wenn es dagegen gelingt, einen Misserfolg als einzelnes Ereignis zu betrachten und die Hintergründe zu verstehen, bleibt das Selbstwertgefühl mit großer Wahrscheinlichkeit intakt. Hierin liegt ein wesentlicher Schlüssel zum Umgang mit Selbstzweifeln und Minderwertigkeitsempfindungen:

Wenn Sie zum Beispiel die Absage nach einem Bewerbungsgespräch nachvollziehen können und verstehen, dass Sie die Stelle nicht bekommen haben, weil Sie nicht optimal vorbereitet waren oder weil es unter 200 Mitbewerbern qualifiziertere Kollegen gab, ist das frustrierend, lässt sich aber verkraften. Wenn Sie die Absage aber mit anderen ähnlichen Erfahrungen verknüpfen, zum Beispiel dass Sie schon in der Tanzschule häufig einen Korb bekommen haben oder im Sportunterricht oft als Letzter für die Fußballmannschaft gewählt wurden, geraten Sie in Gefahr, sich als Person insgesamt abgelehnt zu fühlen. Es gehört zwar zur normalen Wahrnehmung und Verarbeitung, dass wir einzelne

Erfahrungen verallgemeinern und zu einem Gesamtbild zusammenfügen, allerdings tut uns dieser Mechanismus besonders dann nicht gut, wenn unterschiedliche negative Erfahrungen unzulässigerweise in einen Topf geworfen werden: «Ich war schlecht in der Schule, bin durch die Führerscheinprüfung gefallen, und jetzt mag mein Ausbilder mich auch nicht leiden. Ich schaffe nichts, und ich tauge nichts. Ich bin nicht o. k., ich sollte die Lehre hinwerfen.»

Es geht also darum, Misserfolge **konkret und begrenzt** auf eine spezifische Situation hin zu betrachten und nicht zu generalisieren.

Ansprüche überprüfen

Wichtig für den Erhalt und die Stärkung des Selbstwertgefühls ist die Wahl des eigenen Anspruchs. Überhöhte und unrealistische Ansprüche sind fast immer ein Garant für Misserfolge, die dann wiederum das Selbstwertgefühl beeinträchtigen. Wenn Sie länger krank waren oder familiär extrem belastet sind, können Sie keine Höchstleistung von sich erwarten. Wenn Sie sich in einer Branche bewegen, die gerade in der Krise steckt, ist es schwer, dort Arbeit zu finden. Wenn Sie sich mit 200 Konkurrenten um eine Stelle bewerben, ist die Chance, der Interessanteste zu sein, relativ gering. Wenn Sie als Berufsanfänger erwarten, dass Ihre Arbeit von Beginn an sinnerfüllend, anregend und gut bezahlt sein soll, setzen Sie sich unter einen enormen Erfolgsdruck. Vielleicht erinnern Sie sich an das Beispiel der Kreisligamannschaft, die ihre Freude über die eigenen Erfolge verliert, wenn sie sich unrealistisch an der Leistung von Bundesligastars misst.

Um die richtigen Maßstäbe zu finden, hilft eine gründliche Analyse der Ausgangs- und Rahmenbedingungen und eine sorgfältige Überprüfung der Ziele. Im Kapitel 3. «Motivation und Leistungsbereitschaft entwickeln» behandeln wir diese Themen ausführlicher.

Für Feedback und Anerkennung sorgen

Wir haben jetzt einige Ansatzpunkte beschrieben, mit denen Sie sich Ihre Stärken bewusst machen und akzeptierend mit sich umgehen können. Aber man braucht auch Feedback und Anerkennung von anderen Menschen, um ein positives Selbstwertgefühl entwickeln und erhalten zu können.

Was kann man tun, wenn der eigene Chef, der Ehemann, die Ehefrau oder die besten Freunde mit Feedback und Anerkennung geizen? Hier gibt es zwei gute Möglichkeiten:

Sie können selbst anfangen, positives Feedback zu geben und Anerkennung auszusprechen. Wenn Sie in Vorleistung gehen und aussprechen, was Ihnen am Verhalten Ihrer Mitmenschen gut gefällt, ändert sich die Beziehung. In manchen Kreisen wirkt das ungewohnt. Aber auch dort tut es den Menschen meistens gut. Wer freigebig und offen mit Anerkennung ist, demgegenüber sind die Mitmenschen in der Regel auch offener und bereitwilliger, etwas zurückzugeben. Das stimmt nicht immer, aber sehr oft.

Wenn Ihre Chefs, Freunde und Lebenspartner dann immer noch verschlossen bleiben und Ihnen nicht sagen, wie sie Sie konkret erleben, fragen Sie direkt nach Feedback. In einer liebevollen Freundschaft oder gar Partnerschaft sollte das möglich sein. Beim eigenen Chef ist es noch einfacher: Es gehört zu dessen Führungsaufgaben, Ihnen Rückmeldungen zu geben. Sie verlangen also nichts Unanständiges, wenn Sie Ihre Führungskraft darum bitten. Zum Beispiel könnten Sie sagen: «Ich möchte Sie bitten, mir eine Rückmeldung zu geben. Ich wüsste gern, wie zufrieden Sie mit meiner Arbeit und unserer Zusammenarbeit sind – was Sie schätzen und was ich Ihrer Meinung nach besser machen oder lernen sollte, was Sie von mir zukünftig erwarten oder sich wünschen.»

2.3 Übungen zum Selbstcoaching

Diese und alle folgenden Übungen in den nächsten Kapiteln können Sie im Prinzip gut alleine durchführen. Im Dialog mit einem Übungspartner macht es allerdings oft mehr Spaß, und in der Regel bringen diese Gespräche auch mehr Erkenntnisse und Ideen. Wenn Sie zu zweit – oder auch zu dritt – arbeiten, empfehlen wir Ihnen, die Übungen jeweils zunächst allein zu machen und schriftlich festzuhalten und sich erst danach mit Ihrem Übungspartner auszutauschen.

Die Übungen im Überblick

Übung 2.3.1   Persönliche Erfolge
Übung 2.3.2   Persönliche Selbstwert-Bilanz
Übung 2.3.3   Feedback zu Stärken und Schwächen einholen
Übung 2.3.4   Selbstwertzweifel konkretisieren und überprüfen
Übung 2.3.5   Eine Lobrede über sich selbst schreiben

Übung 2.3.1 Persönliche Erfolge

Einzelübung: Diese Übung soll Ihnen helfen, sich Ihrer individuellen Bewertungskriterien für persönlichen Erfolg bewusst zu werden und zu verstehen, welche Ihrer Stärken und Einstellungen zu Ihren Erfolgen beigetragen haben. Schaffen Sie sich eine Situation, in der Sie eine Weile entspannt und ungestört nachdenken können. Wenn Sie die Übung mit einem Partner machen, nehmen Sie sich zunächst beide die Zeit zum Nachdenken. Gehen Sie die folgenden Fragen in Ruhe durch und machen Sie sich Notizen:

1. Stellen Sie sich vor, Sie sind achtzig Jahre alt, blicken zufrieden zurück auf Ihr bisheriges Leben und würdigen, was Ihnen wichtig war und was Sie geleistet haben.

- Wenn ich mit achtzig Jahren zurückschaue auf mein Leben, was sind aus dieser Perspektive meine wichtigen persönlichen Erfolge? Worauf bin ich dann stolz, und worauf möchte ich dann stolz sein können? Was erfüllt mich dann mit Freude? Was waren glückliche Zeiten?

2. Dann machen Sie sich bewusst, in welchen Lebensbereichen Ihre wichtigen persönlichen Erfolge liegen bzw. welche Bereiche für Ihr Erleben von Erfolg und Zufriedenheit besondere Bedeutung haben:

Beruf / Arbeit
Freizeit
Beziehungen
Gesundheit
Wohnen
Finanzen

3. Im nächsten Schritt überlegen Sie, was Sie aus Krisen und Niederlagen in Ihrem Leben gelernt haben:

- Welche Krisen, Krankheiten, Verluste oder Niederlagen habe ich durchgestanden und gemeistert?
- Was habe ich daraus gelernt und gewonnen?

4. Dann machen Sie sich bewusst, welche Ihrer persönlichen Stärken Ihnen geholfen haben:

- Ohne zu bescheiden zu sein: Was sind meine wichtigsten Stärken, die mich als Person ausmachen und die zu meinen Erfolgen im Leben beigetragen haben?

5. Ebenso wichtig ist die Frage nach Ihren Einstellungen, Werten und Überzeugungen, die zu Ihren Erfolgen beigetragen haben:
- Welche Einstellungen und Werte haben mir geholfen? Welche Haltungen und Überzeugungen haben zu meinen persönlichen Erfolgen beigetragen? Gibt es hilfreiche Lebensweisheiten oder Sinnsprüche, die mich dabei begleitet haben?

Im Dialog: Erzählen Sie sich gegenseitig Ihre Erfolgsbilanz. Der Übungspartner sollte jeweils versuchen zu verstehen, was der andere als persönlichen Erfolg bewertet oder bewerten würde und welche Lebensbereiche und Themen für ihn besonders wichtig sind.

Übung 2.3.2 Persönliche Selbstwert-Bilanz

Einzelübung: Wenn Sie die Übung «Persönliche Erfolge» gemacht haben, sind Sie für die persönliche Selbstwert-Bilanz schon gut angewärmt. Jetzt nehmen Sie eine etwas andere Perspektive ein und verschaffen sich einen genaueren Überblick darüber, wie Sie sich in den verschiedenen Lebensbereichen heute selber sehen, was Sie an sich schätzen und was Sie stört bzw. was Sie kritisch sehen.

1. Damit diese Bilanz wirklich umfassend wird, sollten Sie wieder die verschiedenen Lebensbereiche einzeln durchgehen und sich diesmal zu jedem Bereich aufschreiben:
- Was ich an mir schätzen und würdigen kann, was ich mir in diesem Lebensbereich aufgebaut und geschaffen habe …
- Womit ich nicht zufrieden bin, was ich kritisch sehe, was mir fehlt …

Arbeit / Beruf
Freizeit
Beziehungen

Gesundheit
Wohnen
Finanzen

2. Dann ziehen Sie ein Fazit für alle Lebensbereiche:
- In welchen Lebensbereichen und Situationen fühle ich mich besonders stark und sicher? Wo sind Tankstellen für Zufriedenheit und Zuversicht?
- In welchen Lebensbereichen und Situationen fühle ich mich besonders schwach und angreifbar? Wo bin ich besonders anfällig für Zweifel und Bedenken?

Im Dialog: Lesen Sie Ihrem Übungspartner jeweils vor, was Sie an sich schätzen und würdigen können und in welchen Lebensbereichen und Situationen Sie Zufriedenheit und Zuversicht erleben und tanken können.

Übung 2.3.3 Feedback zu Stärken und Schwächen einholen

Einzelübung: In dieser Übung geht es darum, zu wichtigen Aspekten Ihrer Selbstwertbilanz auch die Sichtweisen anderer Menschen in Ihrer Umgebung kennenzulernen. Feedback ist nur hilfreich, wenn es zugleich aufrichtig und wohlwollend formuliert wird. Außerdem sollte es so konkret sein, dass Sie auch verstehen können, was gemeint ist. Bevor Sie andere um ein Feedback bitten, sollten Sie sich deshalb überlegen, wie Sie sich selbst einschätzen, was Sie genauer wissen wollen und wem Sie ausreichend Vertrauen entgegenbringen, um über diese Frage offen zu reden:
- Über welche Eigenschaften oder Verhaltensweisen möchte ich mir ein Feedback holen? Welche Themen interessieren mich besonders?

- Wie sehe ich mich selbst in dieser Frage? Was sind meine Stärken und Ressourcen, wo sind meine Schwächen und Defizite, «Macken und Meisen»?
- Wer aus meiner Umgebung könnte etwas zu diesen Themen sagen? Von welchen Personen möchte ich mir ein Feedback holen und zu welcher Frage genau?
- Zu wem habe ich ausreichend Vertrauen, um darüber offen zu reden?

Wenn Ihnen keine geeignete Person einfällt, die Sie um ein Feedback bitten möchten, lassen Sie diese Übung lieber aus, als sich an jemanden zu wenden, dem Sie nicht ausreichend vertrauen.

 Im Dialog: Erklären Sie Ihrem Gesprächspartner, warum Sie eine Rückmeldung wünschen, und lassen Sie ihm etwas Zeit zum Nachdenken. Im Gespräch sollten Sie mit Ihrer Selbsteinschätzung beginnen. Die konkreten Fragen an den anderen könnten dann zum Beispiel sein:
- Was sind aus deiner Sicht meine Stärken, und was müsste ich dazulernen oder entwickeln? Was passt zu meiner Selbsteinschätzung – wo siehst du mich anders?
- Welche Ideen hast du darüber, wie ich mich weiterentwickeln könnte? Was müsste ich konkret anders machen? Woran würdest du merken, dass ich auf dem Weg bin, es zu lernen?
- Wie könnte ich meine Stärken und Kompetenzen besser zeigen?

Wenn Sie die Rückmeldung bekommen, sollten Sie ruhig zuhören. Versuchen Sie, sich nicht zu rechtfertigen oder die Sichtweise Ihres Partners zu korrigieren. Es geht nicht um Wahrheit, sondern nur um die subjektive Sichtweise dieser Person. Wenn Sie nicht genau verstehen, was der andere meint, fragen Sie nach, was Sie konkret anders oder besser machen könnten.

Schließen Sie das Gespräch mit einem Fazit ab, welche Aspekte neu und interessant für Sie waren. In jedem Fall sollten sie die Bereitschaft Ihres Gesprächspartners anerkennen, Ihnen ein offenes Feedback zu geben.

Übung 2.3.4 Selbstwertzweifel konkretisieren und überprüfen

Einzelübung: Diese Übung soll Ihnen helfen, einen hartnäckigen Selbstwertzweifel besser zu verstehen und zu relativieren. Das ist besonders dann angebracht, wenn Sie merken, dass die eigene Empfindung intensiver ist, als es der auslösenden Situation eigentlich entspricht. Wenn Sie zum Beispiel nach einem kritischen Feedback oder nach einer verpatzten Präsentation wochenlang in Sack und Asche gehen und sich die nächste Herausforderung nicht mehr zutrauen.

1. Im ersten Schritt gehen Sie der Sache genauer auf den Grund:
- Was ist es genau, was mich an dieser Situation kränkt, beschämt, verunsichert?

2. Im nächsten Schritt überlegen Sie sich, welche Situationen es gibt oder gegeben hat, die der konkreten Erfahrung ähnlich waren:
- Wo habe ich in letzter Zeit oder auch früher in meinem Leben schon ähnliche Erfahrungen gemacht oder ähnlich empfunden?
- Gibt es eine Vorgeschichte? Trifft diese Erfahrung auf eine wunde Stelle?

3. Wenn Sie erkannt haben, dass ein konkreter Misserfolg Ähnlichkeit mit anderen negativen Erlebnissen in Ihrer Lebensgeschichte hatte, sind Sie bereits der Lösung auf der Spur: Vermutlich hängt die Intensität Ihres gegenwärtigen Selbstwertzweifels mit diesen früheren Erfahrungen zusammen. Es ist aber sinnvoll, sich auch die Unterschiede klar

zu machen. Vermutlich gibt es nicht nur Ähnlichkeiten, sondern auch Unterschiede zwischen den Situationen:

- Was war ähnlich in den früheren Situationen?
- Was war unterschiedlich, und woran lässt sich das festmachen?

4. Im nächsten Schritt sollten Sie sich fragen, welche Situationen es gibt oder gab, die der konkreten negativen Erfahrung widersprechen. Richten Sie also den Blick von den Löchern im Käse auf die Käsesubstanz. Dadurch beugen Sie der Tendenz vor, nur die Defizite zu sehen und eine Kränkung oder einen Misserfolg zu generalisieren.

- Wo habe ich in ähnlichen Situationen schon gegenteilige positive Erfahrungen gemacht? Wo habe ich mich beim gleichen Thema schon kompetent, erwünscht oder erfolgreich gefühlt?

  Im Dialog: Helfen Sie als Zuhörer jeweils dabei, die Ähnlichkeiten und Unterschiede der Situationen herauszuarbeiten.

Übung 2.3.5 Eine Lobrede auf sich selbst schreiben

Einzelübung: In dieser Übung geht es darum, Ihre Stärken, Verdienste und Eigenarten zu formulieren. Dadurch geben Sie ihnen eine größere Prägnanz und Bedeutung, als dies durch Stichworte möglich ist. Die Rede ist **nur für Sie selbst** und nicht zum Vortrag gedacht. Die meisten Menschen kostet diese Übung eine kleine Überwindung, die sich aber lohnt. Wenn Sie die vorigen Übungen gemacht haben, sollten Sie genug Stoff gesammelt haben, um eine angemessene Lobrede auf sich selbst schreiben zu können. Verwenden Sie dafür eine Außenperspektive, schreiben Sie also nicht in Ich-Form über sich. Es fällt den meisten Menschen leichter, wenn sie schreiben: «Er/sie ist ein feinfühliger Mensch» als «Ich bin ein feinfühliger Mensch». Schaffen Sie sich für diese Übung eine Situation, in der Sie eine Zeit lang entspannt und ungestört nachdenken können. Schreiben Sie dabei nur Dinge auf, die Sie wirklich meinen, und vermeiden Sie Selbstironie oder Übertreibung. Die Rede könnte zum Beispiel folgende Punkte aufgreifen:

- Was ich an ihm / ihr besonders schätze, an welchen Beispielen ich das zeigen möchte …
- Wie er / sie die Herausforderungen seines / ihres Lebens gemeistert hat …
- Was er / sie geleistet hat …
- Wie er / sie sich seine / ihre Verdienste erarbeitet hat …
- Was ich ihm / ihr für die nächsten Jahre besonders wünsche …

3. Motivation und Leistungsbereitschaft entwickeln

3.1 Hintergrundwissen

Ein wichtiger Schlüssel zum persönlichen Erfolg im Beruf wie im Leben überhaupt ist unsere Motivation und Leistungsbereitschaft. Das Wort Motivation kommt vom lateinischen «movere» (bewegen, ziehen) und bezeichnet den Antrieb zum Handeln. Was lässt uns morgens aufstehen, die Zähne putzen und zur Arbeit gehen? Warum gehen wir zum Sport, zum Zahnarzt, warum pflegen wir unseren Garten? Warum sind wir ehrenamtlich in einem Verein tätig? Warum helfen wir unserem Freund in einer Auseinandersetzung? Viele alltägliche Handlungen sind zur **Gewohnheit** geworden, und die dahinter liegende Motivation ist nicht mehr ohne weiteres erkennbar oder spürbar. Beim morgendlichen Zähneputzen ist uns in der Regel nicht bewusst, dass wir damit die Zähne gesund erhalten und ein frisches Gefühl im Mund bekommen wollen. Wir würden das zugrunde liegende Motiv oder Bedürfnis aber wieder spüren, wenn wir am ersten Urlaubstag unsere Zahnbürste vermissen.

Wir verstehen unter Motivation einen Zustand, in dem man bereit ist, sich zu engagieren. Diese Bereitschaft kann aus unterschiedlichen Quellen entstehen:

- aus Lust und Freude an konkreten Tätigkeiten,
- aus der Erwartung, ein persönlich attraktives Ziel zu erreichen und sich damit persönlich bedeutsame Bedürfnisse zu erfüllen,
- aus Einstellungen und Überzeugungen.

Wir werden zunächst diese drei Aspekte genauer beschreiben. Im Abschnitt 3.2 zeigen wir Ihnen, wie Sie vorgehen können, wenn Sie Ihre Motivation wiedergewinnen oder stärken wollen. Im Abschnitt 3.3

finden Sie dann zum Abschluss Übungen zum Selbstcoaching, mit denen Sie das Thema für sich persönlich konkretisieren und vertiefen können.

3.1.1 Lust und Freude

Was macht Ihnen Spaß? Was machen Sie gern? Bei welchen Tätigkeiten und unter welchen Bedingungen haben Sie Freude bei der Arbeit? Wann sind Sie begeistert, ganz bei der Sache und voller Tatendrang? Wann können Sie bei einer Aufgabe die Zeit, Ihr Umfeld und sich selbst vergessen?

Der einfachste und unmittelbarste Treibstoff für den Motivationsmotor ist die **Lust oder Freude an einer konkreten Aktivität.** Vielleicht lieben Sie Gartenarbeit oder halten gerne Vorträge. Vielleicht spielen Sie gern Fußball oder lösen gerne knifflige Probleme. Wir wissen oft nicht, warum und wie wir diese Vorlieben entwickelt haben – aber wir spüren eindeutig, welche Tätigkeiten wir mit Lust ausführen und welche wir als Pflicht erleben. Meist ist das, was wir gerne tun, gleichzeitig etwas, worin wir auch gut sind.

Wenn wir uns bewusst sind, welche Tätigkeiten uns motivieren, können wir sie gezielter als Energiequellen fördern und nutzen. Wer z. B. weiß, dass er während einer anstrengenden geistigen Tätigkeit wieder Energie gewinnt, indem er einen kurzen Spaziergang macht, ein Musikstück hört oder mit seinen Kindern telefoniert, kann kleine Zeitfenster dafür einplanen. In der Übung «Motivationsquellen und Motivationsräuber» am Ende des Kapitels können Sie genauer herausfinden, welche Tätigkeiten für Sie lustvoll und motivierend sind.

3.1.2 Ziele und Bedürfnisse

Ein weiterer Treibstoff für die Motivation sind **attraktive Ziele**. Wir sind motiviert, wenn wir Ziele verfolgen, die uns besonders wichtig sind und uns besonders reizen. Am angenehmsten ist es natürlich, wenn sich persönliche Ziele durch Aktivitäten erreichen lassen, die einem an sich schon Spaß machen. Das ist jedoch – besonders im Arbeitsleben – nicht immer der Fall. Glücklicherweise kann man auch motiviert sein, ohne jederzeit Spaß zu haben oder begeistert zu sein: Einer baut motiviert in jeder freien Minute an seinem Eigenheim, gräbt, schleppt Steine, mauert und malt. Obwohl von Freude nichts zu spüren ist, könnte ihn nichts dazu bewegen, einmal auszuspannen und ins Schwimmbad zu gehen. Ein anderer nimmt trotz Vollauslastung ein weiteres Projekt an, das ihn bis an die Grenze seiner Belastungsfähigkeit bringen wird, um irgendwann zum Gruppenleiter befördert zu werden. Der Dritte ist motiviert, die Welt kennenzulernen, verzichtet auf jeden Luxus und spart jeden Cent für die nächste Reise.

Attraktive Ziele reichen oft schon aus, um motiviert zu sein. Dann gehen selbst Tätigkeiten, die aus sich heraus keinen Spaß machen, leichter von der Hand. Die Aussicht auf den Erfolg strahlt darauf ab, wie wir uns bei der eigentlichen Aktivität fühlen. Ziele sind konkrete Vorstellungen von einem erreichten Zustand: Das Haus ist fertig; ich bin befördert worden; in bin unterwegs auf meiner nächsten Reise. Es ist allerdings nicht einfach, zu verstehen, warum ein bestimmtes Ziel attraktiv für eine Person ist. Warum baut man ein Haus, warum möchte man Karriere machen oder die Welt kennenlernen? Wodurch wird ein Ziel so attraktiv, dass wir dafür Anstrengungen und Entbehrungen in Kauf nehmen?

Was will der Häuslebauer? Natürlich will er ein Haus bauen, aber was steht dahinter, welches Bedürfnis will er befriedigen? Vielleicht genießt er die Freiheit bei der Arbeit, oder er freut sich daran, dass alles genau so wird, wie er es geplant hatte. Vielleicht möchte er auch für sein Alter vorsorgen. Was will der zukünftige Gruppenleiter? Natürlich möchte er befördert werden, aber auch bei ihm kann man eine Etage tiefer forschen und fragen, welches Bedürfnis er damit befriedigen möchte.

Vielleicht will er Verantwortung übernehmen und die Gruppe auf eine bestimmte Weise führen. Möglicherweise sehnt er sich auch nach dem Status, der mit einer Beförderung verbunden ist. Was will der Weltreisende? Natürlich möchte er verreisen, aber was reizt ihn daran? Möglicherweise sucht er das Abenteuer, das Neue und Fremde. Vielleicht möchte er auch seine Erfahrungen in einem Buch über fremde Kulturen weitergeben.

Ziele werden dadurch attraktiv, dass sie eine Erfüllung persönlich bedeutsamer Bedürfnisse versprechen. Meistens sind uns die Bedürfnisse, die hinter unseren Zielen stehen, nicht oder nur teilweise bewusst. Bedürfnisse sind aber die Grundbausteine jeder Motivation. Konkretes Handeln und konkrete Ziele eines Menschen versteht man besser, wenn man die dahinterliegenden Bedürfnisse erkennt. Wir unterscheiden acht Grundbedürfnisse, die uns mitgegeben sind und die jedem Menschen vertraut sind, wenn auch in unterschiedlicher Ausprägung: Physiologische Grundbedürfnisse,

- das Bedürfnis nach Beziehung und Verbundenheit,
- das Bedürfnis nach Freiheit und Selbstbestimmung,
- das Bedürfnis nach Sicherheit,
- das Bedürfnis nach Erkundung,
- das Bedürfnis nach Anerkennung und Selbstwerterleben,
- das Bedürfnis nach Sinn und Wertkongruenz des eigenen Handelns,
- das Bedürfnis nach Dominanz und Höherstellung.

In der Literatur werden Bedürfnisse nicht einheitlich beschrieben. Manche Autoren unterscheiden nur vier Grundbedürfnisse (z. B. Grawe 1998), andere beschreiben sogar 16 (z. B. Reiss 2000). Der Unterschied liegt vor allem im Abstraktionsgrad: Je weniger Kategorien, desto abstrakter bleiben die Bedürfnisse, je mehr Kategorien, desto anschaulicher wird es. Mit Hilfe der acht oben genannten Bedürfnisse lassen sich persönliche Handlungsmotive in den meisten Fällen gut erklären.

Physiologische Grundbedürfnisse

Die physiologischen Grundbedürfnisse Essen, Trinken und Schlafen sichern unser Überleben. Sie haben – sobald sie nicht in ausreichendem Maße erfüllt werden – eine unmittelbare und oft kaum aufschiebbare Wirkung. Das Bedürfnis nach Sexualität stellt neben Lust und Freude, die sie bereitet, das Überleben der Art sicher. Eng damit verbunden ist das Grundbedürfnis, den eigenen Körper zu spüren, sich körperlich stark und lebendig zu fühlen. Lust und Freude an Sport, Bewegung und Tanz, an Berührung und Massage oder an gutem Essen erklären sich zum großen Teil aus diesen Bedürfnissen.

Bedürfnis nach Beziehung und Verbundenheit

Alle Menschen haben ein mehr oder weniger stark ausgeprägtes Bedürfnis nach Kontakt, Nähe, Geborgenheit, Zugehörigkeit und Liebe. Dieses Bedürfnis kann man bei allen Primaten von Geburt an beobachten, am stärksten ausgeprägt bei Orang Utans, die ohne liebevolle körperliche Pflege schnell ihre Lebenskraft einbüßen. Wir sind von unserem Ursprung her soziale Wesen, und nur in der Gemeinschaft können wir leben und uns entwickeln. Im Berufsleben kommen diesem Bedürfnis alle Arbeitsformen entgegen, in denen Austausch und Kooperation gefragt sind und in denen persönlicher Kontakt stattfindet. Im Privatleben verwirklichen Menschen dieses Bedürfnis in vertrauensvollen Freundschaften und vor allem in der Partnerschaft. Liebe ist ein starker Antrieb: Aus Liebe zu ihren Kindern riskieren Eltern ihr Leben, aus Liebe werden Verbrechen begangen und Kriege geführt. Nicht zufällig handeln Romane, Filme und Theaterstücke von Liebe und allen damit verbundenen Sehnsüchten und Konflikten. Liebe kann Berge versetzen.

Bedürfnis nach Freiheit und Selbstbestimmung

Manche Menschen haben ein besonders starkes Bedürfnis, unabhängig und frei zu sein, sich von anderen Menschen abzugrenzen und selbst zu bestimmen, was sie tun und lassen. Das Autonomiebedürfnis widerspricht oft dem Wunsch nach Beziehung, Geborgenheit und Zugehörigkeit. Diese gegensätzlichen Bedürfnisse unter einen Hut zu bekommen ist nicht immer einfach. Menschen mit starkem Autonomiebedürfnis brauchen Freiräume: ein eigenes Zimmer, eine eigene Wohnung, frei verfügbare Zeit oder auch Entscheidungsfreiheit. Während Menschen mit einem ausgeprägten Nähebedürfnis sich einen Vorgesetzten wünschen, der sich für sie interessiert und mit ihnen Zeit verbringt, arbeiten Menschen mit ausgeprägten Autonomiebedürfnissen motivierter, wenn sie in Ruhe gelassen werden. Sie wünschen sich ein Einzelbüro, ein abgrenzbares eigenes Arbeitsgebiet und die entsprechenden Entscheidungsfreiräume.

Bedürfnis nach Sicherheit

Menschen kommen in einem sehr unreifen Entwicklungsstadium auf die Welt, und Kleinkinder können nur überleben, wenn ihre Eltern ihnen ein sicheres Umfeld gestalten. Das Kind selbst lernt die Gefahren des Alltags erst mit zunehmender geistiger Reifung kennen. Es bemerkt, dass man von einem Stuhl fallen kann, dass man sich den Finger klemmen kann, dass man hinfällt und sich verletzen kann. Wenn Gefahren erkannt werden, wächst in der Regel das Bedürfnis nach Sicherheit. Jeder Mensch braucht ein gewisses Ausmaß an Sicherheit, Einschätzbarkeit, Verlässlichkeit und Kontinuität. Manche Menschen fühlen sich sicher durch eine unkündbare Anstellung, ein ausreichendes Gehalt oder eine geregelte Altersvorsorge. Andere brauchen klare Strukturen und Aufgaben in der Arbeit und müssen genau wissen, was von ihnen erwartet wird, um sich sicher zu fühlen. Das Sicherheitsgefühl wird gefördert, wenn man weiß, was man hat, was man kann und was man muss. Wenn diese Bedürfnisse nicht ausreichend befriedigt werden, entstehen Unruhe oder Angst. Im Privatleben verwirklichen Menschen dieses Bedürfnis, indem sie ihren Alltag in geregelten Bahnen, ohne viel Risiko und ohne große Aufregung ablaufen lassen. Im Berufsleben werden diese Bedürfnisse durch konstante Tätigkeiten, klar definierte Zuständigkeiten und Abläufe befriedigt. Gewissenhaftigkeit, Pflichtbewusstsein, Verlässlichkeit, Leistungsstreben und Beständigkeit sind Verhaltensweisen, die das eigene Sicherheitserleben fördern.

Bedürfnis nach Erkundung

Als ergänzender Gegenpol zum Sicherheitsbedürfnis sorgt unsere Neugier dafür, dass wir die Welt erkunden wollen, neue Erfahrungen machen und ungewohntes Terrain betreten. Dieses Bedürfnis erkennt man von Geburt an. Das Kleinkind ist beständig dabei, alles Neue zu erkunden: die eigenen Finger, Nahrung, Geräusche, Menschen, Gegenstände und Räume. Im Erwachsenenleben lässt sich dieses Bedürfnis zum Beispiel durch vielfältige und wechselnde Aktivitäten sowie durch einen großen, schillernden Bekanntenkreis befriedigen. Im Berufsleben sorgen neue Herausforderungen, wechselnde Aufgaben und Arbeitgeber oder auch Auslandsaufenthalte für Abwechslung. Menschen mit ausgeprägten Sicherheitsbedürfnissen erleben Veränderungen, Umorganisationen, Fusionen und Umzüge eher als Bedrohung. Für Menschen mit ausgeprägten Bedürfnissen nach Erkundung bedeuten sie eine willkommene Abwechslung: Die Karten werden neu gemischt, ein neues Spiel kann beginnen.

Bedürfnis nach Anerkennung und Selbstwerterleben

In Kapitel 2.1.4 haben wir ausführlich beschrieben, wie sich beim Kind auf der Basis des vorhandenen Grundvertrauens in der Auseinandersetzung mit der Umwelt allmählich ein positives Selbstwerterleben entwickeln kann: «So einer bin ich also! Das macht mich aus …, darauf kann ich stolz sein, in diesem Punkt bin ich mit mir zufrieden …» Der Wunsch, sich wertvoll, geliebt und akzeptiert zu fühlen, schafft – oft unbewusst – ein starkes Motiv für unser Handeln. Das Bedürfnis nach Selbstwerterleben wird befriedigt, wenn wir mit uns selbst zufrieden sind. Manchmal brauchen wir dazu positive Rückmeldungen von anderen Personen, manchmal reicht es aus, wenn wir selbst auf uns und unser Tun stolz sind. Manchmal müssen wir auch mit einer Begabung «entdeckt» werden: Fred F. war mit 14 Jahren eher ein mittelmäßiger und ziemlich gelangweilter Schüler im Deutschunterricht. Eines Tages verlangt ein neuer Deutschlehrer statt der üblichen Inhaltsangaben und Nacherzählungen einen Aufsatz zum Thema «Was mich zurzeit am stärksten beschäftigt». Fred traut sich nach einigem Zögern, über die äußerst belastende Familiensituation nach der Scheidung seiner Eltern zu schreiben. Hinterher schämt er sich, denn Scheidungen sind zu seiner Schulzeit und in seinem Umfeld in den sechziger Jahren noch ein ziemliches Tabuthema. Dann sagt der Lehrer bei der Rückgabe: «Dieser Aufsatz hat mich wirklich ergriffen, weil hier ehrlich und ohne Beschönigungen etwas erzählt wird, was zu Herzen geht.» Fred bekommt eine Eins und weiß gar nicht, wie ihm geschieht. Sie ahnen es vielleicht schon: Er wurde ein interessierter und zunehmend sprachlich mutigerer Schüler und ist heute ein erfolgreicher Journalist.

Wie wichtig Anerkennung und Ermutigung durch Eltern, Erzieher, Lehrer, Ausbilder, Vorgesetzte, Mentoren und Freunde für unsere Motivation sind, wird meistens unterschätzt. Umgekehrt wird leider auch unterschätzt, wie demotivierend unmäßige Kritik, Abwertung oder Desinteresse wichtiger Bezugspersonen wirken kann.

Bedürfnis nach Sinn und Wertkongruenz des eigenen Handelns

Menschen wollen einen Sinn im eigenen Tun erkennen und sich damit identifizieren können. Sie wollen erleben, dass ihr Handeln etwas bewirkt und für etwas gut ist – und nicht bloßer Selbstzweck. Mitarbeiter wollen verstehen, welchen Beitrag sie mit ihrer Arbeit leisten, wofür ihre Anstrengung nützlich ist. Nichts ist demotivierender, als in einem Projekt zu arbeiten, dessen Ergebnisse und Erkenntnisse am Schluss nicht umgesetzt werden oder in irgendwelchen Schubladen verschwinden.

Das Bedürfnis nach Wertkongruenz wird immer dann befriedigt, wenn das, was wir tun, mit unseren Werten übereinstimmt («kongruent» ist). Egal, ob in einem Arbeitsprojekt, bei der Kindererziehung oder in einer Bürgerinitiative: Wenn unser Handeln mit unseren Werten übereinstimmt und wir es für richtig und wichtig halten, können wir uns mit ganzem Herzen für eine Sache engagieren. Wenn diese Wertkongruenz nicht erreicht wird, entsteht einer der größten Motivationsräuber: Lehrer, Politiker, Führungskräfte oder Verkäufer, die etwas vermitteln sollen, woran sie nicht glauben oder das sie nicht gutheißen können, geraten in Konflikte und verlieren meist nachhaltig ihre Motivation.

Bedürfnis nach Dominanz und Höherstellung

Dieses Bedürfnis ist offensichtlich bei vielen Menschen ausgeprägt. Fraglich ist aber, ob es sich um ein eigenständiges Bedürfnis handelt oder ob das Streben nach Dominanz und Höherstellung nur dazu dient, ein anderes zugrunde liegendes Bedürfnis zu befriedigen, etwa nach Selbstwertbestätigung, Sexualität, Autonomie, persönlichem Vorteil oder danach, mit Hilfe von Macht Verantwortung in einem hierarchischen System zu übernehmen. Wir haben mit vielen Seminarteilnehmern und Kollegen über diese Frage diskutiert und bisher keine abschließende Antwort gefunden.

Dominanz und Höherstellung haben sowohl eine **Beziehungs-** als auch eine **Sachdimension**. Auf der Beziehungsebene ist das Bedürfnis nach Dominanz und Höherstellung verbunden mit einer übergeordneten Position, mit Macht, mit Bedeutung und Ansehen. Auf der Sachebene tragen Dominanz und Höherstellung die Möglichkeit in sich, etwas entscheiden und bewirken zu können, eine Sache voranzubringen, einen Wert oder eine Überzeugung durchzusetzen. Dies kann sowohl im egoistischen Eigeninteresse wie auch im Interesse der Allgemeinheit oder einer Organisation erfolgen. Für die Reflexion der persönlichen Motivation finden wir es nützlich, davon auszugehen, dass es ein eigenständiges Bedürfnis nach Dominanz und Höherstellung gibt. Jeder muss dann für sich selbst prüfen, welche anderen Bedürfnisse damit noch verknüpft sind. In Kapitel 4. «Einfluss nehmen» werden wir auf dieses Thema genauer eingehen.

Mit den hier beschriebenen acht Grundbedürfnissen lassen sich persönliche Handlungsmotive gut erklären: Der motivierte Hausbauer hat vielleicht ein starkes Bedürfnis nach **Autonomie** (das Haus alleine bauen, unabhängig sein von Vermietern) und nach **Sicherheit** (Altersvorsorge). Dem zukünftigen Gruppenleiter geht es vielleicht um **Dominanz und Höherstellung** (Verantwortung übernehmen) und um **Selbstwert** (Status). Der Weltreisende hat Bedürfnisse nach **Erkundung** (Suche nach dem Neuen und Fremden) und nach **Sinn und Wertkongruenz** (die eigenen Erfahrungen weitergeben).

In der folgenden Auflistung erkennen Sie, wie die grundlegenden Bedürfnisse im Arbeitsalltag befriedigt werden können.

Bedürfnis	Kann im Arbeitsalltag befriedigt werden durch ...
Physiologische Grundbedürfnisse	• Arbeitszeiten und Anforderungen, die die Leistungsgrenze nicht übersteigen • physiologisch sinnvolle Pausen, Rhythmus von Konzentration und Entspannung • ergonomische Arbeitsmittel • fairen Umgang mit Krankheit • gesundes Essen, Bewegungs- und Sportangebote
Beziehung und Verbundenheit	• Teamarbeit, Teamsitzungen, Teamtage • Zwischenbilanzen zur Zusammenarbeit • fairen und offenen Umgang mit Konflikten • informellen Austausch: Kaffeeecke, Geburtstage, Jubiläen, Ausflüge • Einzelgespräche (nicht nur über Sachthemen und Leistung)
Freiheit und Selbstbestimmung	• Freiräume • Führen über Zielvereinbarungen (keine Detailkontrolle) • Einzelbüros • abgegrenzte Aufgaben mit eigenem Verantwortungsbereich • Spezialisierungen
Sicherheit	• klare Ziele, Aufgaben, Vereinbarungen und Spielregeln • klare Ablaufstrukturen • Transparenz und Information • Stellenbeschreibungen • sicheres Unternehmen, sichere Position, Betriebsrenten
Erkundung	• Job-Rotation • neue Aufgaben • neueste Technologie • Weiterbildung • Reisen, Auslandsaufenthalte • Projektarbeit

Bedürfnis	Kann im Arbeitsalltag befriedigt werden durch ...
Anerkennung und Selbstwerterleben	• Wertschätzung und Lob • Übertragung von Verantwortung, Vertrauen • gegenseitige Aufmerksamkeit, Feedback (z. B. durch Vorgesetzten) • Beteiligung an Veränderungsprozessen • Präsentations- und Repräsentationsaufgaben • Statussymbole (Firmenwagen, Büro, Einrichtung)
Sinn und Wertkongruenz	• Information und Absprache über langfristige Ziele und Strategien • gemeinsam entwickelte Zukunftsentwürfe • Diskussionen, Kritik und offene Infragestellungen • wertorientiertes Verhalten, Aufstellen und Einhalten von Spielregeln • gelebtes Wertesystem (Unternehmenskultur)
Dominanz und Höherstellung	• Leitungsaufgaben • Verantwortung und Entscheidungsbefugnisse • materielle Ressourcen • Sanktionsmöglichkeiten • Statussymbole (Firmenwagen, Büro, Einrichtung) • Steuerung/Beteiligung bei Veränderungsprozessen

Bedürfnisse im Konflikt

Menschliches Handeln ist meistens komplex motiviert und lässt sich selten aus einem einzelnen Bedürfnis erklären. Wenn sich unterschiedliche Bedürfnisse widersprechen, entstehen **innere Konflikte**. Die Bedürfnisse müssen dann gegeneinander abgewogen werden: Vielleicht möchten Sie große Reisen unternehmen, haben aber gleichzeitig große Sicherheitsbedürfnisse und sind sparsam. Oder Sie möchten bei der Arbeit Einfluss ausüben, wollen aber keinerlei Konflikte riskieren. Oder Sie möchten gerne eine Familie haben, aber nicht auf die Freiheiten und Annehmlichkeiten des Single-Lebens verzichten. Bei inneren

Konflikten blockieren sich Ziele und Bedürfnisse gegenseitig, und ihre motivierende Wirkung schlägt in Hemmung, Energielosigkeit und Stillstand um.

Andere Konflikte entstehen, wenn die von außen vermittelten Erwartungen und Werte nicht zu den eigenen Zielen und Bedürfnissen passen: Wenn man sich Nähe, Zuwendung und Kontakt wünscht, der Partner aber ein unabhängiges Leben mit viel Abstand will; oder wenn man neugierig und unternehmungslustig ist, während Eltern, Erzieher, Lehrer, Ausbilder oder Vorgesetzte ängstlich und misstrauisch jeden Schritt überwachen.

Ziele, Bedürfnisse und Erfolgsaussichten

Maßgeblichen Einfluss auf unsere Motivation hat auch die **kognitive Einschätzung unserer Erfolgschancen**: Erfolgversprechende Ziele motivieren uns. Wenn wir glauben, dass eine Anstrengung ohnehin nicht zum Erfolg führen wird, nimmt die Motivation schnell ab: Janina W. hat im Alter von 25 Jahren nach einer gut bestandenen Zwischenprüfung ihre Schauspielausbildung abgebrochen, obwohl es für sie kaum etwas Attraktiveres gibt, als Schauspielerin zu sein. Zwei Erkenntnisse haben den Ausschlag für ihre Entscheidung gegeben: Sie fürchtet, dass Ihre Begabung und ihre Bühnenpräsenz im Verhältnis zu guten und erfolgreichen Schauspielern eher mittelmäßig ausgeprägt sind. Angesichts der Menge arbeitsloser Schauspieler, die sie bereits kennengelernt hat, sinkt ihre Motivation. Sie traut sich nicht zu, im harten Konkurrenzkampf dieses Berufes zu bestehen, und möchte andererseits auch nicht riskieren, sich lebenslang mit schlecht bezahlten Jobs über Wasser halten zu müssen. Ihre innere Überzeugung lautet: Ich bin nicht stark genug, um mich gegen andere durchzusetzen. Wenn also subjektiv oder objektiv zu wenig Aussicht auf Erfolg besteht, können auch starke Bedürfnisse und ein Ziel mit hohem Stellenwert die Motivation nicht aufrechterhalten.

Wie man an diesem Beispiel sehen kann, hängt die Einschätzung der Erfolgschancen nicht nur mit objektiven Faktoren zusammen, sondern auch mit dem eigenen **Selbstwertgefühl**, den bisherigen Erfahrungen mit der eigenen Leistungsfähigkeit und den entsprechenden Überzeugungen. Entscheidungen, bei denen es um die Frage des Durchhaltens geht, sind immer auch von der eigenen **Einstellung zum Thema Leistung und Disziplin** getragen. Eine Mitschülerin von Janina hat in der Zwischenprüfung eher schlechter abgeschnitten. Dennoch zieht sie einen anderen Schluss aus dem Prüfungsergebnis. Sie nimmt sich vor, ihre Ausbildung anders zu organisieren, durchzuhalten und besser zu werden. Ihr inneres Motto lautet: «Ich habe mich dafür entschieden – also werde ich es schaffen. Klein beigeben kommt nicht infrage. Ich werde mir und jedem, der es wissen will, zeigen, was in mir steckt. Ihr werdet noch von mir hören!» Damit sind wir beim nächsten Treibstoff, der unseren Motivationsmotor in Schwung bringt.

3.1.3 Einstellungen und Überzeugungen

Einstellungen und Überzeugungen sind geronnene, generalisierte Gedanken. Sie haben einen starken Einfluss auf unser Verhalten, auch wenn sie in vielen Situationen unterhalb der Bewusstseinsschwelle bleiben. Wir übernehmen sie zum Teil von unseren frühen Bezugspersonen, wir entwickeln sie aber auch in der Auseinandersetzung mit eigenen Erfahrungen.

Kinder probieren sich ständig aus, wenn sie nicht daran gehindert werden. Sie lernen zu greifen, zu krabbeln, zu stehen und zu laufen. Sie bauen mit Klötzchen einen Turm, und wenn er umfällt, beginnen sie von neuem. Sie malen Bilder, lernen, sich selbst anzuziehen, ihre Schuhe zuzubinden, zu lesen, zu schreiben und zu rechnen. Sie haben dabei Erfolge wie Misserfolge und merken, was ihnen gelingt und woran sie scheitern, was und wie viel sie sich zutrauen können und womit sie sich übernehmen. Sie entwickeln Mechanismen, mit Fehlschlägen umzugehen, indem sie entweder dranbleiben und durchhalten, es noch einmal versuchen, bis es klappt – oder von dem Vorhaben ablassen, sich abwenden und aufgeben. Sie entdecken, unter welchen Umständen ihnen Arbeit Spaß macht und für welche Tätigkeiten sie besonders begabt sind. Diese Erfahrungen verknüpfen sich zu Grundüberzeugungen, die wie innere Glaubenssätze unsere Motivation beeinflussen und uns handlungsleitend durch das Leben begleiten. Solche Grundüberzeugungen können im positiven Sinn zu Leistung und Durchhalten animieren. Wenn sie zu streng ausgeprägt sind, können sie aber ebenso zu überhöhten Leistungsansprüchen und damit zur Überforderung führen. Innere Überzeugungen sind häufig in Sprichwörtern oder Glaubenssätzen verpackt, die in der Familie oder im weiteren sozialen Umfeld einen hohen Stellenwert haben. Beispiele dafür sind:

- Verlass dich auf dich selbst, sonst bist du verlassen.
- Sich regen bringt Segen.
- Geht nicht – gibt's nicht.
- Was man anfängt, muss man auch zu Ende bringen.
- Nur wenn man etwas geschafft hat, fühlt man sich gut.
- Wer nicht wagt, der nicht gewinnt.
- Der frühe Vogel fängt den Wurm.
- Wenn man etwas wirklich will, dann schafft man es auch.

Typische Einstellungen, die einem starken Leistungswillen entgegenstehen, sind beispielsweise:

- So gut wie mein großer Bruder werde ich in diesem Leben nie mehr.
- Wer hoch hinauswill, kann tief fallen.
- Manche sind ehrgeizig, die anderen haben ein schönes Leben.
- Sei zufrieden mit dem, was du hast.
- Schuster, bleib bei deinem Leisten.

Im Abschnitt 3.2.4 und in den Übungen zum Selbstcoaching finden Sie Anregungen, wie man hinderliche Einstellungen und innere Motivationsräuber loswerden kann.

3.2 Anregungen zur persönlichen Entwicklung

Motivation und Leistungsbereitschaft entstehen im eigenen Kopf – niemand kann sie für uns «machen». Jeder kennt Momente oder Phasen von Lustlosigkeit und Antriebsarmut. Sie gehören zum Leben dazu und sind wichtig, um einen Rhythmus zu schaffen zwischen Anspannung und Entspannung. Wenn wir diese Momente positiv deuten, können wir sie als Ruhepausen genießen, in denen wir nichts leisten müssen oder nichts leisten wollen.

Wenn uns die Motivation oder der Leistungswille über längere Zeit abhandenkommt, ist es allerdings sinnvoll, sich dem Thema grundsätzlicher zuzuwenden und nach angemessenen Lösungen zu suchen. Es muss aber nicht immer ein Problem geben, um sich eingehender mit der persönlichen Motivation und Leistungsbereitschaft zu beschäftigen. Wer sich im Beruf oder im Leben umorientieren will, nach neuen Zielen sucht oder einfach Lust hat, seine Motivation zu steigern, kann ebenso wichtige Entwicklungsimpulse finden.

3.2.1 Standortbestimmung

Als Ausgangspunkt für Ihre persönliche Entwicklung empfehlen wir Ihnen, sich zunächst einen Überblick zu verschaffen und eine umfassende Standortbestimmung vorzunehmen. Für solche Standortbestimmungen nutzen wir ein Modell, das wir «Haus des Lebens» nennen. Wir unterscheiden dabei die Lebensbereiche **Arbeit/Beruf, Freizeit, Beziehungen, Gesundheit, Wohnen und Finanzen**. Bei zwei Übungen im letzten Kapitel (2.3.1 und 2.3.2) haben Sie bereits mit dieser Unterscheidung der Lebensbereiche gearbeitet. Wir stellen uns das «Haus des Lebens» so vor:

Das Fundament bildet Ihre heutige **Lebenssituation.** Darunter verstehen wir alles, was Ihnen aktuell zur Verfügung steht und was Ihr Leben heute ausmacht: Ihre gesammelte Lebenserfahrung, Ihre Fähigkeiten, Ihre Ressourcen und Rahmenbedingungen. Worauf können Sie bauen?

Die **Ziele,** die Sie langfristig verwirklichen wollen, bilden das Dach. Sie müssen zu Ihren Werten und zu Ihrer Persönlichkeit passen: Was wollen Sie langfristig erreichen? Wofür wollen Sie sich einsetzen? Was gibt Ihrem Leben Sinn? Was ist wirklich wichtig und welche Werte sollen Ihr Handeln leiten?

Zwischen dem Fundament und dem Dach, also zwischen Realität und wünschenswerter Zukunft, müssen die verschiedenen **Lebensbereiche** entwickelt und ausbalanciert werden, um das Haus stabil zu halten. Wenn der Wert des Hauses insgesamt steigen soll, muss in alle Bereiche vom Keller bis zum Dach regelmäßig investiert werden. Bei Standort- und Zielbestimmungen geht es also darum, das ganze Haus im Blick zu behalten.

Wenn Sie das «Haus des Lebens» für eine umfassende Standortbestimmung über Ihre persönliche Motivation und Leistungsbereitschaft nutzen wollen, sollten Sie sich drei Fragen beantworten:
* Wo sind meine Motivationsquellen und Motivationsräuber?
* Welche Bedürfnisse sind wichtig für mich?
* Welche Einstellungen und Überzeugungen, Ziele und Werte habe ich zum Thema Arbeit und Leistung?

Beginnen Sie die Standortbestimmung mit der Suche nach Ihren **Motivationsquellen.** Um die ganze Lebenssituation zu erfassen, sollten Sie über alle Lebensbereiche schauen und sich jeweils fragen: Wo bin ich motiviert? Welche Tätigkeiten machen mir Spaß und gehen leicht von der Hand? Wo tanke ich Kraft und Energie?

Bei der Suche nach Kraftquellen sollten Sie nicht nur an Tätigkeiten oder Lebensbereiche denken, sondern auch an wichtige Lebensziele, an Ihre grundlegenden Werte und an alles, was Ihrem Leben Sinn gibt. Stabile Werte oder ein übergeordnetes Ziel können helfen, Belastungen und Misserfolge zu überstehen. Werte und Überzeugungen geben Halt und Orientierung. Wer zum Beispiel Kraft in seinem Glauben findet,

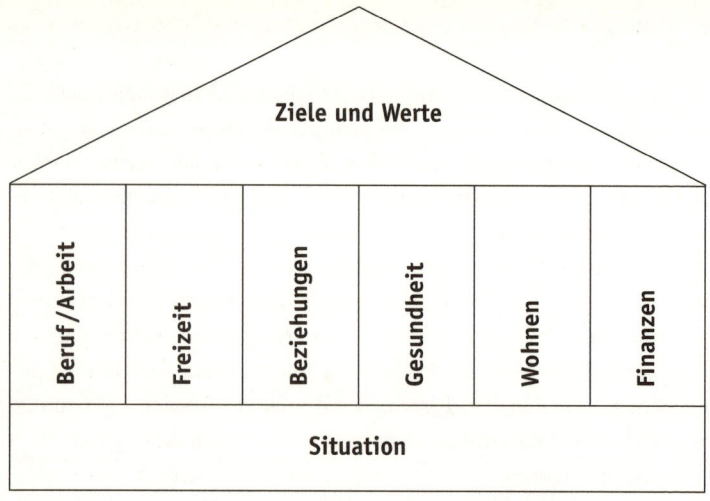

Wo bin ich motiviert? Was läuft gut, und was möchte ich ändern?

wird es in schwierigen Lebensphasen leichter haben, zuversichtlich in die Welt zu blicken.

Die meisten Menschen sind sich eher über ihre Fehler, Defizite, «Macken und Meisen» im Klaren als über ihre Stärken und Ressourcen. Zuversicht und das subjektive Gefühl, es schaffen zu können, entstehen jedoch leichter, wenn man sich bewusst macht, was man schon alles geschafft hat und welche Ressourcen einem zur Verfügung stehen. Wenn Sie gezielt auf die Suche nach Ihren Kraft- und Energiequellen gehen wollen, finden Sie dazu Anregungen in den Übungen: 2.3.1 «Persönliche Erfolge», 2.3.2 «Persönliche Selbstwert-Bilanz» und in der Übung 3.3.1 «Motivationsquellen und Motivationsräuber entdecken» am Ende dieses Kapitels.

Nachdem Sie Ihre Ressourcen und Motivationsquellen gefunden haben, wenden Sie sich Ihren **Motivations- und Energieräubern** zu: Bei welchen Tätigkeiten und in welchen Lebensbereichen erlebe ich zurzeit Lustlosigkeit, Antriebsarmut oder Desinteresse? Was raubt mir Kraft, und was möchte ich ändern?

Manchmal hängt ein nachhaltiger und dauerhafter Motivationsverlust auch mit belastenden Lebenssituationen zusammen, die auf mehrere Lebensbereiche abfärben. Deshalb sollten Sie bei der Standortbestimmung prüfen, ob es Themen oder Konflikte gibt, die aufs ganze Leben ausstrahlen und Ihre Lebensenergie nachhaltig binden: Muss eine Krankheit, ein Misserfolg oder ein persönlicher Verlust, eine Trennung oder ein Todesfall verarbeitet werden? Droht im Hintergrund eine finanzielle Krise, der Verlust des Arbeitsplatzes oder ein anderer energiezehrender Konflikt, der die Arbeit überlagert? Wer um das Leben seines Kindes bangt, wird sich nur schwer für eine neue Vertriebsstrategie oder ein neues Projekt begeistern können. Gibt es eine dauerhafte Belastung mit hohem Energieverbrauch, zum Beispiel durch Kinder- oder Altenbetreuung, ein Ehrenamt, Wohnortwechsel und Ähnliches?

Wenn der Motivationsverlust durch eine **belastende persönliche Lebenssituation**, durch Krisen oder Überforderung in einem wichtigen Lebensbereich entsteht, kommt die Frage, wie man sich motivieren kann, vielleicht zu früh: Derartige Belastungen wollen erst einmal verstanden und akzeptiert werden. Zur Bewältigung von Krisen braucht man Zeit und in manchen Fällen auch professionellen Beistand. Für die Verarbeitung von emotionalen Belastungssituationen ist es eher förderlich, sich die eigene Antriebslosigkeit zuzugestehen und sich nicht auch noch dafür zu kritisieren. Hier geht es also zunächst darum, **den eigenen Anspruch an sich selbst zu senken.** Sonst schafft man sich durch unrealistische Leistungsansprüche weitere Misserfolgserlebnisse. Dasselbe gilt für den Umgang mit dem eigenen Alter: Wenn die Kräfte altersbedingt allmählich nachlassen, müssen die Ansprüche an die eigene Leistungsfähigkeit angepasst werden, sonst geraten wir in einen Teufelskreis aus Überforderung und Demotivation.

Nach der Bilanz Ihrer aktuellen Motivationsquellen und Motivationsräuber betrifft die zweite Perspektive der Standortbestimmung die persönlichen **Bedürfnisse,** die hinter Ihren Zielen und hinter Ihrem Handeln liegen. Welche Bedürfnisse sind Ihnen so wichtig, dass sie Ihren Motivationsmotor und Ihre Leistungsbereitschaft in Schwung bringen? Was brauchen Sie, um motiviert zu arbeiten? Laufen Sie zu großer Form auf, wenn Sie im Team arbeiten, oder brauchen Sie Abstand und Rückzug? Müssen die Arbeit – und das Leben – abwechslungsreich sein, damit Sie etwas leisten können? Oder brauchen Sie eher Ordnung und Kontinuität? Beflügelt es Sie, wenn eine Arbeit mit viel Anerkennung verbunden ist? Brauchen Sie Einfluss, Macht und Verantwortung, um motiviert zu sein? In der Übung 3.3.3 «Bedürfnisprofil» finden Sie einen Fragebogen für diese Analyse.

Die dritte Perspektive der Standortbestimmung betrifft Ihre **Einstellungen und Überzeugungen** zum Thema Arbeit und Leistung. Auch sie bestimmen maßgeblich die eigene Motivation. Vielleicht glauben Sie, dass Arbeit adelt und ein Leben ohne Arbeit sinnlos ist. Oder Sie sind überzeugt davon, dass ein Erfolg, den Sie ohne größere Anstrengung erreichen, nichts wert ist. Vielleicht denken Sie, dass Sie alles schaffen können – oder im Gegenteil, dass zu viel Anstrengung krank macht. In den Übungen 3.3.4 «Einstellungen und Überzeugungen zu Arbeit, Leistung und Erfolg» und 3.3.2 «Leistungs- und Motivationspanorama» finden Sie Anregungen für Ihre Analyse.

Nach einer gründlichen Standortbestimmung haben Sie vermutlich schon Erkenntnisse gewonnen, die Sie weiterverfolgen möchten. Im Folgenden möchten wir Ihnen exemplarisch weitere Ansatzpunkte zur persönlichen Entwicklung vorstellen.

3.2.2 Motivierende Ziele finden

Wir sind motiviert, wenn wir attraktive Ziele verfolgen. Sich die eigenen Ziele zu vergegenwärtigen und ihnen Priorität vor aktuellen Unlustempfindungen einzuräumen ist ein zentrales Mittel der Selbstmotivation. Es gibt aber Zeiten im Leben, in denen man nicht genau weiß, was man erreichen und wofür man sich einsetzen will. Um Ziele zu finden, die langfristig attraktiv sind, sollte man systematisch vorgehen.

Oft ist es sinnvoll, die persönlichen Ziele in einen längerfristigen **Zukunftsentwurf** einzubetten, der alle Lebensbereiche einbezieht und in dem man sich fragt: Wo will ich mittel- und langfristig hin? Wofür will ich mich einsetzen? Was will ich bewirken? Und was will ich langfristig von der Arbeit, vom Leben haben?

Solche «Visionen» sind zunächst ganzheitliche, noch unscharfe Vorstellungen von einer Zukunft, wie wir sie uns wünschen.

Vision und Ziel

Erst in einem späteren Schritt werden diese Vorstellungen dann in Ziele übersetzt und konkretisiert. Eine Vision wäre zum Beispiel: In fünf Jahren lebe ich entspannt auf dem Land in einer Hausgemeinschaft und schreibe nur noch Bücher. Konkrete Ziele wären: Ich bewohne ein Haus in Alleinlage mit mindestens fünf Zimmern. Es ist nach Westen ausgerichtet. Mein Büro hat einen separaten Eingang. Ich arbeite acht Stunden am Tag und halte mir die Wochenenden von Freitagabend bis Sonntagabend komplett für private Aktivitäten frei. Ich laufe täglich 30 Minuten usw.

Ziele sind also im Unterschied zu einem Wunsch, einer Hoffnung oder einer Vision bereits Konzentrationspunkte, auf die man seine Handlungen richten kann.

Ein längerfristiger Zukunftsentwurf ist immer dann sinnvoll, wenn Sie eine aktuelle Frage in einem weiter gefassten Sinn- und Zielzusammenhang beantworten wollen oder nach einer neuen Ausrichtung suchen, zum Beispiel

- wenn Sie eine konflikthafte, existenziell bedeutsame Entscheidung treffen müssen,
- wenn Sie in einem längerfristigen Problemzustand festhängen,
- wenn Ihnen über längere Zeit die Motivation und der Leistungswille abhandengekommen sind und natürlich auch,
- wenn Sie sich einen Entwicklungsimpuls für Ihre Lebens- und Karriereplanung wünschen.

In der Übung 3.3.5 «Die Zukunft entwerfen» finden Sie eine detaillierte Anleitung für Ihre persönliche Vision. In den Folgeübungen finden Sie Anregungen, wie Sie die Vision dann in handlungswirksame Ziele übersetzen können.

Unabhängig davon, ob die Ziele aus einem längerfristigen Zukunftsentwurf oder einer anderen Überlegung hervorgehen, sollte man sie auf ihre Lebens- und Motivationstauglichkeit prüfen. Dafür kann man verschiedene Prüfkriterien anlegen – etwa so, wie der TÜV beim Auto auch eine Kriterienliste für die Verkehrssicherheit von Fahrzeugen zugrunde legt. Den «Ziele-TÜV» können Sie sich vorstellen wie eine Werkstatt, in der noch die nötigen Reparaturen vorgenommen werden, bevor der Wagen das Siegel für die nächsten Jahre Fahrtüchtigkeit bekommt.

Ein **Ziel** sollte **positiv, selbst-erreichbar, attraktiv-motivierend**, «**ökologisch**» und **konkret-messbar** sein, damit es im Unterschied zu einem Wunsch oder einer Erwartung zum Konzentrationspunkt für wirksames Handeln werden kann:

Ist das Ziel positiv formuliert? Bei einem negativ formulierten Ziel weiß man nicht, was genau man erreichen soll: Ich will nicht mehr unangenehm auffallen in der Firma. Aber was will ich eigentlich stattdessen? Mich stärker beteiligen? Freundlicher sein? Ordentlicher sein? Erst wenn Sie Ihr Ziel positiv formuliert haben, wissen Sie, wohin Sie wollen und was Sie erreichen möchten. Dann spricht man von einem «Annäherungsziel». Das Gegenteil wären Ziele, bei denen man beschreibt, was man vermeiden will. Solche «Vermeidungsziele» enthalten Verneinungen wie «Ich will nicht mehr unangenehm auffallen» oder «Ich will mich weniger einspannen lassen». Wenn das Ziel handlungswirksam werden soll, muss die innere Vorstellung, die wir uns davon machen, positiv und erfreulich sein. Der Gedanke «Ich lasse mich weniger einspannen» erzeugt aber bereits innere Bilder vom Eingespanntsein. Wenn wir stattdessen denken «Ich entscheide bewusst, welche Aufträge ich annehme», kann ein positives inneres Bild des Zielzustandes entstehen (vgl. Walter/Peller 1994, S. 73 f. und Storch/Krause 2002, S. 87).

Ist das Ziel attraktiv? Hier stellt sich die Kernfrage nach dem Motiv: Warum will ich eigentlich Abteilungsleiter werden, ein Haus bauen, ein Buch schreiben oder eine Reise machen? Welches wichtige Bedürfnis wäre erfüllt, wenn ich dieses Ziel erreicht hätte? Was hätte ich dadurch für mich und mein Leben gewonnen? Ziele müssen attraktiv und herausfordernd genug sein, wenn wir uns wirklich dafür einsetzen und dabei auch Durststrecken überstehen wollen. Wenn wir ein Ziel wirklich attraktiv finden, sagt nicht nur unser Verstand, sondern auch unser Bauch mit seiner gesammelten Lebenserfahrung «ja» dazu. Vielleicht erinnern Sie sich an das Bild vom Autopiloten, das wir im Kapitel 2.1. für die unbewusste und automatisierte Steuerung unseres Verhaltens benutzt haben. Ob ein Ziel wirklich attraktiv und motivierend ist, entscheidet unser Autopilot in Bruchteilen von Sekunden durch ein internes Bewertungssystem. Jenseits bewusster Überlegungen wird im emotionalen Erfahrungsgedächtnis blitzschnell überprüft und entschieden, ob etwas vermutlich gut und angenehm oder schlecht und unangenehm für uns werden wird. Diese unbewusst ablaufenden Bewertungen sind mit einem spontanen Körpersignal («somatische Marker») verbunden (vgl. Damasio 2001, S. 77). Wenn wir lernen, auf unsere Körpersignale zu achten und sie zu verstehen, können wir sie für motivierende Zielfindungen und Zielformulierungen nutzen. Dann müssen wir vielleicht lächeln, verspüren Wärme oder eine kleine freudige Erregung im Bauch, ein tiefes Einatmen und eine Weitung in der Brust, ein Kribbeln in den Händen oder Füßen. Die körperlichen Signale für Lust und Motivation sind individuell vollkommen unterschiedlich.

Wenn diese spontan positive Reaktion fehlt, sollten Sie Ihre Zielformulierung so lange verändern, bis sie mit ausreichend attraktiven inneren Bildern verknüpft ist. Oft braucht es dazu nur kleine Umformulierungen oder Zusätze. Zum Beispiel könnte aus einem typischen Disziplinziel «Ich arbeite ausdauernd an meiner Doktorarbeit», das eher Mühsal, Einsamkeit und Nackenschmerzen verspricht, die Formulierung werden: «Ich arbeite ausdauernd an meiner Doktorarbeit und achte auf einen guten Ausgleich von Arbeit und Vergnügen» (vgl. Storch/Krause 2002, S. 95 f.). Wenn diese Formulierung mit einem positiven «somatischen Marker» verbunden ist, ist sie ausreichend attraktiv und motivierend, um sich daran auszurichten. Natürlich kann man sich auch rational begründete Ziele setzen, die unser emotionales Bewertungssystem nicht gutheißt. Es wird aber deutlich schwerer sein, sich auch längerfristig dafür einzusetzen.

Ist das Ziel selbst-erreichbar? Hier geht es um die Einschätzung der Erfolgschancen: Kann ich es schaffen, oder bin ich dabei, mich zu übernehmen? Liegt das, was ich mir vorgenommen habe, in meiner Macht oder bin ich angewiesen auf die Mitwirkung von anderen? Ziele entfalten ihre motivierende Kraft besonders, wenn die **Realisierbarkeit in der eigenen Kontrolle** liegt (vgl. Walter/Peller 1994, S. 78 und Storch/Krause 2002, S. 89). Natürlich gibt es viele Ziele, die man nur gemeinsam mit anderen Menschen erreichen kann. Dann sollten Sie sich fragen, was in Ihrem Einflussbereich liegt und wie Sie persönlich dazu beitragen können. Dieser persönliche Beitrag sollte in Ihrer Zielformulierung zum Ausdruck kommen. Die Ziele «Die Kollegen sollen mich mögen» oder «Ich entwickle meine Mitarbeiter zu ebenbürtigen Gesprächspartnern» oder «Ich mache meine Kinder stark» sind nicht selbst-erreichbar. Selbst-erreichbare Ziele wären stattdessen: «Ich gehe freundlich auf die Kollegen zu» oder «Ich schaffe ein Übungsfeld für Feedback und Dialogkompetenz» oder «Ich schenke meine Liebe und Lebenserfahrung meinen Kindern». Auch das obengenannte Beispiel einer Vision «In fünf Jahren lebe ich entspannt auf dem Land in einer Hausgemeinschaft und schreibe nur noch Bücher» ist nicht selbst-erreichbar. Zumindest zum Aufbau einer Hausgemeinschaft gehören auch andere Menschen, die das ebenfalls zum richtigen Zeitpunkt wollen müssten. Und ob ich mir dann in fünf Jahren leisten kann, nur noch Bücher zu schreiben, liegt möglicherweise auch nicht allein in meiner Macht.

Ist das Ziel ökologisch? Die Prüfung, ob ein Ziel ökologisch sinnvoll und vertretbar ist, befasst sich mit den ersehnten Auswirkungen und unerwünschten Nebenwirkungen, die mit dem Erreichen dieses Ziels verbunden sein können. Ökologie ist im allgemeinen Sprachverständnis die Wissenschaft von den Beziehungen zwischen Lebewesen und ihrer Umwelt. Auf die Selbstmotivation übertragen, bedeutet «ökologisch»: Mit welchen Konsequenzen muss ich rechnen, wenn ich dieses Ziel tatsächlich verfolge? Was ist der Preis? Was gebe ich damit auf oder was wird eventuell schwieriger? Wer könnte Einwände haben? Passt das Ziel wirklich zu meinen Bedürfnissen, zu meinen Werten und zu meinem Selbstverständnis?

Mit vielen ersehnten Zielen sind unangenehme Nebenwirkungen verbunden. Dadurch geraten unterschiedliche Bedürfnisse miteinander in Konflikt: Frau S. wollte immer mindestens fünf Kinder haben. Als sie und ihr Mann nach dem zweiten Kind merken, wie zeitintensiv die «Erziehungsarbeit» ist, wenn man sie ernst nimmt und gut machen will, verliert das Ziel für beide an Attraktivität. Das Bedürfnis, in absehbarer Zeit wieder mehr Freiräume für selbstbestimmte Tätigkeiten zu haben, erweist sich als stärker als das Bedürfnis nach einer großen familiären Gemeinschaft. Ein anderes typisches Beispiel: Der ersehnte nächste Schritt auf der Karriereleiter bringt oft mit sich, dass neben Organisations- und Führungsaufgaben kaum noch Zeit für die geliebte Facharbeit bleibt. Außerdem bedeutet die neue Rolle vielleicht auch, dass man stärker in die Durchsetzung von Unternehmensinteressen eingebunden ist und dadurch unweigerlich in Konflikte geraten wird. Die Hauptmotivation für den Karriereschritt ist möglicherweise das Bedürfnis nach Anerkennung oder nach einem höheren Gehalt. Wenn man übersieht, dass damit auch der Verzicht auf andere Bedürfnisse verbunden ist, zum Beispiel nach der vertrauten, autonomen Gestaltung der Facharbeit oder nach freundschaftlicher Kollegialität im langjährig gewachsenen Team, droht mittelfristig ein Motivationsverlust. In solchen Situationen ist die realistische Einschätzung wichtig, welches Ziel eigentlich Priorität haben soll und welchen Preis man bereit ist, dafür zu zahlen. Die Fragen zur Ökologie sollen also helfen, nicht blind einem Ziel nachzulaufen, sondern sich der **Konsequenzen** sowie der persönlichen **Gewinne und Verluste** bewusst zu sein. Wenn sich dann herausstellt, dass der Preis oder Aufwand zu groß ist oder das Ziel nicht mehr attraktiv genug ist, um diesen Preis in Kauf zu nehmen, sollte man sich lieber rechtzeitig von dem Vorhaben verabschieden, es modifizieren oder nach neuen, angemessenen Zielen Ausschau halten.

Ist das Ziel konkret-messbar? Solange das Ziel eher ein Wunsch oder eine vage Erwartung ist, weiß man nicht genau, worauf man seine Anstrengungen richten soll. «Mich mehr beteiligen, freundlicher oder ordentlicher sein», wären solche frommen Wünsche. Erst wenn das Ziel konkret und messbar formuliert ist, kann es zum Konzentrationspunkt für die eigene Anstrengung werden: Was will ich eigentlich genau erreichen? Das Ziel zu konkretisieren, heißt, sich festzulegen: Woran werde ich und woran werden andere merken, dass ich mich mehr beteilige, freundlicher oder ordentlicher bin? Was genau will ich anders machen? Bis wann, mit wem, wie oft, wie lange? Ein konkretes Ziel könnte zum Beispiel sein: Ich räume nach jedem Arbeitstag meinen Schreibtisch so auf, dass ich morgens eine leere Arbeitsplatte vorfinde. Unterlagen sind so abgelegt, dass ich sie mit einem Griff wiederfinde. Konkret-messbare Ziele tragen zur Motivation und Leistungsbereitschaft bei, weil wir den eigenen Erfolg messen und bewerten und uns auf dem Weg dorthin orientieren können.

Aber Achtung: Bei persönlichen Zielen, die eine grundsätzliche Änderung des eigenen Verhaltens oder der eigenen Lebensgewohnheiten erfordern, sollten die ersten drei Prüfkriterien (positiv, attraktiv und selbst-erreichbar) erfüllt sein, bevor wir uns konkretisierend auf Details festlegen. Eine zu frühe Festlegung wirkt auf viele Menschen eher demotivierend. Die Absicht, mehr von der eigenen Kompetenz zu zeigen, könnte als konkret-messbares «Handlungsziel» heißen: «Am Montag halte ich bei unserem Teamtreffen einen Kurzvortrag zum Thema X». Weitaus motivierender können allgemeine «**Identitäts- oder Haltungsziele**» sein, die einen noch wenig konkreten Zustand beschreiben, den man erreichen und aus dem heraus man handeln möchte, zum Beispiel: «Ich vertraue auf meine Kompetenzen und zeige, was ich kann» (vgl. Storch/Krause 2002, S. 103).

Solche allgemein formulierten «Haltungsziele» wirken auf die meisten Menschen stärker motivierend, weil sie eine übergeordnete Gültigkeit besitzen und damit über die konkrete Situation hinausweisen. Vergleichbare Identitäts- oder Haltungsziele wären zum Beispiel: «Ich gebe meinem Leben einen tragenden Grund» oder «Ich gehe meinen Weg Schritt für Schritt und achte auf das richtige Tempo» oder «Ich gehe auf andere Menschen zu und achte darauf, wann ich mich zurückziehen möchte».

Wenn Sie mit einer solchen übergeordnet gültigen Formulierung eine motivierende Ausrichtung gefunden haben, die selbst-erreichbar ist, wird es Ihnen leichter fallen, das Ziel dann im nächsten Schritt auch konkret-messbar zu beschreiben.

In der Übung 3.3.7 «Ziele auf dem Prüfstand» finden Sie eine konkrete Anleitung für die Prüfung Ihrer Ziele.

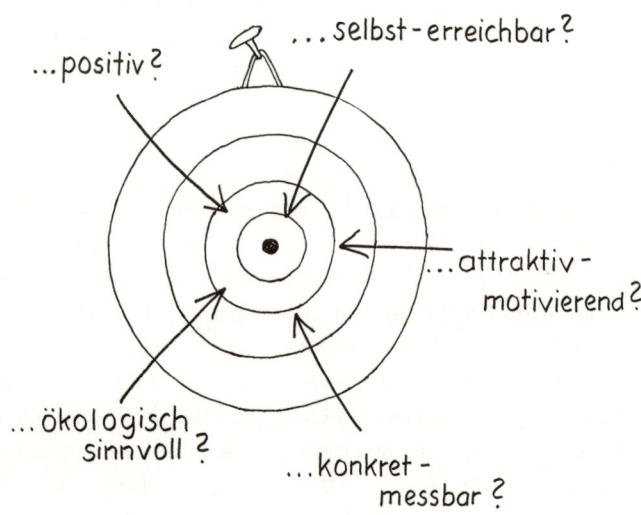

Jst das Ziel .....

...positiv?

...selbst-erreichbar?

...attraktiv-motivierend?

...ökologisch sinnvoll?

...konkret-messbar?

Kriterien für Ziele

3.2.3 Bedürfnis- und Zielkonflikte klären

Wenn sich verschiedene Ziele und Bedürfnisse gegenseitig widersprechen, entstehen innere Konflikte, die unsere Motivation nachhaltig hemmen und unsere Handlungsfähigkeit blockieren können. Wenn wir diese inneren Blockierungen auflösen wollen, müssen wir uns zunächst einmal bewusst werden, welche Ziele oder Bedürfnisse es genau sind, die sich nicht vereinbaren lassen. Die Voraussetzung ist allerdings, dass wir sie überhaupt wahrnehmen. Hier sind es meist die negativen

Körpersignale («somatische Marker»), die uns den Konflikt melden und aufzeigen, dass es da noch eine andere «innere Stimme» gibt, die gehört werden sollte. Innere Konflikte kann man klären, indem man die verschiedenen «Seelen in der Brust» gedanklich voneinander trennt und sich vorstellt, sie wären Mitglieder eines inneren Teams. Alle Teammitglieder müssen gehört und beachtet werden, auch wenn sie mit ihren Ansichten und Bedürfnissen konkurrieren (vgl. Schulz v. Thun 1998).

Zwei Stimmen im inneren Team

Wir möchten das an einem Beispiel verdeutlichen: Herr D. träumt mit seiner neuen Geschäftsidee von einem eigenen Laden. Jetzt hat er einen sehr schönen Laden angeboten bekommen, der allerdings recht teuer ist und in einer Gegend mit eher wenig Laufkundschaft liegt. Sein Bedürfnis nach Sicherheit gerät in einen Konflikt mit seinem Wunsch, endlich als Unternehmer loszulegen. Diese beiden Seiten kann man sich als Mitglieder im «inneren Team» vorstellen: Ein vorsichtiger Skeptiker und ein enthusiastischer Unternehmer. Beide haben unterschiedliche Auffassungen und Ziele, die es zu erkunden gilt. Es gibt solide Argumente für die eine wie für die andere Seite. Der Skeptiker, der das Sicherheitsbedürfnis repräsentiert, könnte zum Beispiel sagen: «Ich habe Bedenken, dass das Ganze ein finanzielles Desaster wird. Bevor wir den Laden mieten, müssen wir unbedingt prüfen, ob unsere spezielle Kundschaft uns hier findet. Falls wir mieten, sollten wir noch über den Mietpreis verhandeln.» Dann hört man, was der enthusiastische Unternehmer antwortet: «Wenn wir zu lange warten, ist die Chance weg. Unser Produkt ist gut, man wird uns immer finden, egal, wo wir sind. Mir kommt es so vor, als würdest du am liebsten einen Rückzieher machen.» Der Skeptiker sagt dazu: «Da ist was dran. Wir gehen gerade ein Risiko ein, das wir in Zahlen noch gar nicht durchkalkuliert haben. Bevor wir hier nicht klar sehen, sollten wir nicht unterschreiben.» Darauf antwortet der Unternehmer: «Das enttäuscht mich, es juckt mir in den Fingern, ich will endlich loslegen … usw.» Wenn sich dann noch andere innere Stimmen zu Wort melden, zum Beispiel der Freizeitbeauftragte oder der Familienmensch, sollten sie ebenfalls gehört werden.

Der **Dialog der widerstreitenden Ziele und Bedürfnisse** kann fortgeführt werden wie ein Streitgespräch, bis alle Argumente auf dem Tisch liegen. Manche inneren Teammitglieder brauchen etwas länger, bevor sie mit der Sprache herausrücken. Wenn Sie zum Beispiel Abenteuer lieben, dann wird sich ein risikofreudiges Teammitglied laut und deutlich zu Wort melden und kaum Widerspruch dulden. Wenn Sie sich aber etwas Zeit nehmen und genauer hinhören, dann meldet sich vielleicht auch ein vorsichtiges Teammitglied, das eine andere Meinung zum Thema hat, und gerade die gilt es in die Entscheidungsfindung mit einzubeziehen. Genauer hinhören heißt in diesem Fall auch, genauer auf die spontanen Körpersignale zu achten, die das bewusste Ziel oder Vorhaben bei Ihnen auslöst. Grummelt es im Bauch, oder geraten Sie ins Schwitzen, wenn Sie an Ihr Vorhaben denken? Wird es Ihnen eng im Hals, oder erleben Sie einen leichten Schwindel? Auch Träume können signalisieren, dass noch etwas bedacht oder einbezogen werden muss, was wir im bewussten Umgang mit unserem Ziel übersehen haben. Wenn Sie so ein Signal wahrnehmen, können Sie sich das vorstellen wie einen inneren Mitarbeiter, der unbedingt noch gehört werden muss, bevor das «innere Team» wirklich geeint in eine Richtung arbeiten kann.

Welchen Vorteil hat es, die verschiedenen inneren Seiten als Mitglieder eines Teams sprechen zu lassen? Die innere Auseinandersetzung wird dadurch spielerisch, ohne den notwendigen Ernst einzubüßen. Indem man sich mit den einzelnen Facetten identifiziert – schließlich sind es Aspekte von uns selbst –, bekommen sie die notwendige Beachtung und Bedeutung.

Nachdem Sie die widerstreitenden inneren Argumente gehört und besser verstanden haben, bleibt Ihnen die Verantwortung für eine Entscheidung natürlich nicht erspart – und manchmal wird es sogar schwerer, sich für ein Vorgehen zu entscheiden, wenn alle Zweifel und Bedenken auf dem Tisch liegen. Sie können aber fundierter entscheiden, welche Bedeutung die unterschiedlichen Argumente bekommen sollen.

Wenn Ihnen diese Entscheidung schwerfällt, gibt es grundsätzlich zwei Wege, um weiterzukommen. Entweder Sie gehen analytisch-rational vor und gewichten und bewerten jedes Argument einzeln. Oder Sie wählen einen eher ganzheitlich-intuitiven Weg. Zum Beispiel können Sie sich fragen, was ein wohlwollender guter Freund oder Kollege, der alle Ihre Argumente gehört hätte, Ihnen jetzt raten würde. Durch diese Perspektive schaffen Sie Abstand von den einzelnen Argumenten und erfassen wieder die Gesamtsituation, inklusive aller Zweifel und Bedenken. In der Übung 3.3.8 «Inneres Patt: Bedürfnis- und Zielkonflikte klären» sind die einzelnen Schritte ausführlich beschrieben.

Herr D. hat den beschriebenen inneren Dialog in der Realität leider nicht geführt. Er hat den inneren Konflikt zwar gespürt, aber nicht wahrhaben wollen. Bei ihm war die unternehmerische Seite so dominant und enthusiastisch, dass sie sich über alle hemmenden Zweifel hinwegsetzte. Diese Gefahr besteht bei jedem inneren Konflikt: Man spürt kurz die innere Blockierung, hält diesen Zustand nicht aus und übergeht ihn, indem man wichtige innere Seiten und Argumente außer Acht lässt. Erst sechs Monate später – als sein Geschäft bereits in Schwierigkeiten war – erinnert sich Herr D. an seine anfangs überhörten Zweifel. Das Beispiel zeigt, dass innere Konflikte nicht nur hinderlich sind, sondern nützliche Hinweise enthalten, die man ernst nehmen sollte (vgl. Kapitel 2.1.3).

3.2.4 Einstellungen ändern

Manchmal werden unsere eigenen Einstellungen zum Motivationsräuber. Wer sich nur wenig zutraut oder glaubt, unbegabt und unintelligent zu sein, bremst mit diesen Überzeugungen seine Leistungsbereitschaft und hält sich davon ab, Herausforderungen motiviert anzupacken. Wer meint, immer siegen zu müssen oder niemals Fehler machen zu dürfen, wird früher oder später auch an seine Motivationsgrenze stoßen. Manche Überzeugungen sitzen so tief und fest, dass Reflexion und Einsicht nicht ausreichen, um sie zu überwinden. Die folgenden Schritte können helfen, festsitzende Einstellungen zu lockern.

Der erste Schritt ist getan, wenn wir uns bewusst werden, welche Einstellungen und Überzeugungen uns eigentlich behindern, und wenn wir zumindest im Kopf bereit sind, sie aufzugeben. Meist reicht das aber nicht aus, denn im «inneren Team» leben hartnäckige Vertreter dieser Überzeugungen, die umfassend gehört und verstanden werden wollen. Im zweiten Schritt sollte man deshalb versuchen, die hinderliche Überzeugung und die damit verbundenen Denk- und Verhaltenstrukturen etwas genauer kennenzulernen und mit anderen Augen – vielleicht auch mit ein bisschen Humor und innerer Distanz zu sehen. Dazu sind Fragen nützlich, mit denen man die Überzeugung aus neuen und ungewohnten Perspektiven betrachtet und die man sich im Alltag selten stellt. Wir möchten diese Fragen an einem Beispiel verdeutlichen.

Sigmar O. möchte eine reizvolle Aufgabe übernehmen, um die sich auch zwei Kollegen bemühen. Er lebt aber bisher nach dem Motto: «Ich konkurriere nicht, das ist unter meiner Würde.» Er geht jeder Konkurrenz aus dem Weg, merkt aber auch, dass ihn diese Einstellung am Weiterkommen im Beruf hindert.

Wenn man diese Überzeugung genauer kennenlernen will, sollte man sie von oben, unten, links und rechts betrachten. Konkret könnte man sich fragen: Welcher **positive Kern** steckt in dieser Überzeugung, oder welche positiven Fähigkeiten sind mit dieser Überzeugung verbunden? Was muss jemand können, der nach dieser Überzeugung lebt? Bei Herrn O. hieße das: Wer nach der Überzeugung lebt, dass

Konkurrenz unter seiner Würde ist, der kann nachgeben, sich zurücknehmen und verzichten. Das wäre also der positive Kern.

Dann wechselt man die Perspektive und fragt: Wie müsste sich jemand verhalten, der vom **Gegenteil** überzeugt ist? In unserem Beispiel würde jemand, der vom Gegenteil überzeugt ist, wohl keiner Konkurrenz aus dem Weg gehen, vielleicht sogar behaupten, das ganze Leben sei Kampf.

Die nächste Perspektive befasst sich mit den **Auswirkungen**, die eine Überzeugung auf einen selbst und auf andere hat. Im Fall von Herrn O. bewirkt seine Zurückhaltung, dass Kollegen und Vorgesetzte den Eindruck haben, er würde sich nicht besonders engagieren. Außerdem erfahren sie wenig darüber, was er eigentlich leisten kann und will. Die Auswirkungen auf Herrn O. selbst: Er fühlt sich unterfordert und unzufrieden.

Dann geht es darum, die Überzeugung in ihrer Bedeutung für das eigene Leben zu **würdigen**: Wovor hat mich diese Überzeugung bisher im Leben bewahrt? Wofür könnte ich ihr **dankbar** sein? Die Einstellung, Konkurrenz zu verachten, hat Sigmar O. bisher erfolgreich vor Niederlagen und Bloßstellungen bewahrt. Das fing in der Kindheit an, wo er gegenüber seinem großen Bruder sowieso keine Chance gehabt hätte zu gewinnen, und zieht sich dann durch sein Leben bis heute. Wenn die Überzeugung auf diese Weise in ihrer positiven Wirkung gewürdigt und akzeptiert wird, ist eine wichtige Voraussetzung erfüllt, um sie irgendwann mildern, loslassen oder aufgeben zu können. Erst danach sollte man sich fragen:

Angenommen, ich würde diese Überzeugung **loslassen oder verändern**, was wäre dann anders in meinem Leben? Was hätte ich **gewonnen**, und was wäre der **Preis**? Wenn Herr O. seine Einstellung aufgeben könnte, würde er in seinem Umfeld mit seinen Kompetenzen und Interessen deutlicher wahrgenommen und hätte eine reale Chance, die attraktive Aufgabe zu bekommen. Der Preis wäre allerdings das Risiko, in Konflikte mit den Kollegen zu geraten und vielleicht bei der Bewerbung um die Aufgabe zu unterliegen.

Zum Abschluss kann man ein **persönliches Fazit** ziehen: Wie möchte ich meine Einstellung verändern? Was möchte ich beibehalten – was neu formulieren? Wie heißt die veränderte Einstellung oder Überzeugung, die jetzt für mein Leben passt?

Einstellungen ändern

Mit den Perspektivwechseln, die in diesen Fragen stecken, entsteht eine positiv gefärbte und umfassendere Sicht auf die hinderliche Überzeugung. Die Stärken und Ressourcen, die mit der Überzeugung verbunden sind, werden ebenso wahrgenommen wie ihre seelischen Kosten. Wer auf diese Weise hinter die Kulisse einer hinderlichen Einstellung oder Überzeugung geschaut hat, kann sich vielleicht eher durchringen, eine neue Erfahrung zu machen. Und mit jeder neuen Erfahrung kann sich die hinderliche Einstellung ein wenig ändern. In der Übung 3.3.9 «Hinderliche Einstellungen ändern» sind die einzelnen Schritte ausführlich beschrieben.

3.2.5 Förderliche Rahmenbedingungen schaffen

Wenn die Rahmenbedingungen die eigene Arbeit so erschweren, dass ein Erfolg unwahrscheinlich oder unmöglich erscheint, führt dies unweigerlich zu Motivationsverlust. Typische Motivationsräuber sind zum Beispiel unklare oder ständig wechselnde Zielvorgaben, unrealistische Zeitvorgaben, unklare Entscheidungsprozesse, fehlende Unterstützung und Rückmeldung, ineffektive Besprechungen, mangelnde Ausstattung mit Hilfsmitteln oder unsinnig gestaltete Arbeitsabläufe. In solchen Fällen geht es darum, sich Rahmenbedingungen zu schaffen, unter denen motivierende Arbeit und Erfolg – wieder – möglich scheint.

In der Übung 3.3.10 «Förderliche Rahmenbedingungen schaffen» können Sie nach geeigneten Lösungen für Ihre Situation suchen.

Manche Rahmenbedingungen kann man selbst verändern, zum Beispiel für störungsfreie Arbeitsblöcke sorgen, sich Unterstützung holen oder die Arbeitsumgebung schöner machen. In hierarchischen Organisationen sind dazu meist auch Gespräche und Auseinandersetzungen mit Vorgesetzten und Kollegen nötig, die nicht immer erfolgreich verlaufen. Wenn Sie unter Rahmenbedingungen leben oder arbeiten, die Ihre Motivation und Leistungsbereitschaft dauerhaft und nachhaltig blockieren, und Sie keinen Einfluss auf diese Bedingungen nehmen können, sollten Sie diesen Konflikt nicht länger unter der Motivationsperspektive betrachten. Dann geht es um die ganz existenzielle Frage: Kann und will ich mich arrangieren – oder muss ich das Konfliktfeld verlassen?

3.2.6 Persönliche Arbeitsorganisation verbessern

Ein anderer wichtiger Ansatzpunkt betrifft die persönliche Arbeitsorganisation und die Frage, wie wir im Arbeitsalltag mit unserer Zeit und Energie umgehen. Typische Motivationsräuber sind: Zu viel oder zu viel gleichzeitig tun, fehlende Ziele und Prioritäten, häufige telefonische Unterbrechungen, Ablenkungen durch unangemeldete Besucher oder ein ständig voller Schreibtisch mit Bergen von Papierkram, der erledigt werden müsste.

Manchmal lässt sich durch kleine Änderungen in der persönlichen Arbeitsorganisation viel erreichen. Die wichtigsten Ansatzpunkte sind hier:

- komplexe Aufgaben in Teilschritte gliedern und Zwischenziele festlegen,
- am Vorabend den neuen Arbeitstag schriftlich planen,
- Zeitbedarf schätzen und Zeitlimits setzen,
- Arbeits- und Zeitblöcke grob einplanen – aber flexibel bleiben,
- störungsfreie Arbeitszeiten sichern,
- nicht den ganzen Tag verplanen: Pufferzeit lassen,
- für Abwechslung in den Tätigkeiten sorgen,
- die persönliche Leistungskurve über den Tag berücksichtigen,
- immer wieder Prioritäten prüfen,
- für angemessene Pausen und Belohnungen sorgen,
- für ausreichend Austausch und Feedback sorgen.

In der Übung 3.3.11 «Die persönliche Arbeitsorganisation verbessern» können Sie nach geeigneten Lösungen für Ihre Situation suchen. Wenn Sie sich mit Themen der persönlichen Arbeitsorganisation weiterführend befassen wollen, finden Sie Anregungen bei Covey (1992 und 1997) und Seiwert (1998).

3.2.7 Dranbleiben

Wenn Sie die richtigen Ziele gefunden haben und wissen, welche Ressourcen Sie dafür nutzen können und wie Sie vorgehen wollen – und wenn dann noch die Einstellung zur Arbeit grundsätzlich stimmt, ist der Motivationsboden sehr gut vorbereitet. Dann brauchen Sie nur noch am Ball zu bleiben. Das ist allerdings leichter gesagt als getan.

Denn hier betreten wir das Hoheitsgebiet der Gewohnheiten und lieb-gewonnenen Rituale, die unsere guten Vorsätze für eine Veränderung schnell in Vergessenheit geraten lassen. Besonders bei längerfristigen Zielen, die nur mit ungewohnten oder unangenehmen persönlichen Veränderungen zu erreichen sind, braucht die kontinuierliche Selbst-motivation deshalb Aufmerksamkeit und Pflege.

Wir möchten das an einem Beispiel erläutern: Eine Freundin von uns will schlanker werden. Tagsüber, wenn sie beschäftigt ist, kann sie ihr Essverhalten ganz gut kontrollieren, aber am Abend wird es problema-tisch. Ihr Appetit macht sich erst richtig bemerkbar, wenn's zu Hause gemütlich wird. Beste Vorsätze und verschiedene Disziplinierungs-maßnahmen haben ihr bisher nicht geholfen. Als sie von ihrem Ziel er-zählt, abends nach dem Abendbrot nichts mehr zu essen und stattdes-sen nur noch Wasser zu trinken, sieht sie gequält aus. Als sie danach berichtet, wie es üblicherweise abends bei ihr zu Hause zugeht, wirkt sie dagegen schwärmerisch und lebendig. Meistens sei es bei einem Glas Wein mit ihrem Mann und den Kindern sehr gemütlich, und im Laufe des Abends würden sich Käsehäppchen mit weiteren Leckereien abwechseln. Das sei dann wie eine Belohnung für den Tag. Dem Ziel, ihr Gewicht zu reduzieren, steht also das starke emotionale Bedürfnis entgegen, genussvoll und gemütlich mit der Familie zusammenzusit-zen und zu essen. Es ist offensichtlich, dass dieses emotionale Bedürf-nis wesentlich attraktiver ist als das eher rationale Ziel, abzuspecken.

Das Beispiel zeigt, wie emotional bedeutsame Bedürfnisse die Ober-hand behalten, selbst wenn wir uns rational anders entschieden haben. Hier wird noch einmal deutlich, wie in unserem Gehirn blitzschnell und unbewusst Handlungsentscheidungen getroffen werden. Unser «Autopilot» prüft unterhalb der Bewusstseinsschwelle, welches Verhal-ten für uns und unsere persönlichen Bedürfnisse gut, angenehm und Erfolg versprechend ist. Diese automatische und unbewusste Verhal-tenssteuerung orientiert sich an der persönlichen Lebenserfahrung und ganz allgemein an dem Wunsch, uns wohl zu fühlen. Im konkreten Fall des abendlichen Essens gibt es eine Fülle positiver Lebenserfahrungen mit genussvollem Essen. Der Autopilot sagt zu jedem Käse- oder Schokoladenstück: «Es schmeckt gut, nimm es. Du wirst dich gut fühlen.»

Vielleicht kommt dann der rationale Zweifel auf: «Ich wollte doch eigentlich heute mal weniger …», und es gelingt, einen Abend ohne Essen zu verbringen. Am nächsten und übernächsten Abend ist jedoch wieder die gleiche Lust auf Leckereien da, und irgendwann, wenn wir uns nicht völlig auf den Veränderungsschritt konzentrieren, greifen wir dann doch wieder wie gewohnt zu.

Wie kann man dagegen ankommen? Wie schafft man den Schritt, der eigenen Entscheidung längerfristig und durchgreifend Vorrang zu geben vor Gewohnheiten, die emotional als positiv und angenehm empfunden werden? Der Erfolg hängt nach unserer Erfahrung von vier «Zutaten» ab:

- von einer positiven emotionalen Aufladung des Ziels,
- von einer zuversichtlichen Grundstimmung,
- von regelmäßiger Wiederholung und
- von regelmäßigen Zwischenbilanzen.

Zunächst muss das Ziel eine **positive emotionale Aufladung** bekommen, die ein echtes Gegengewicht zu den emotionalen Essensgelüsten bildet. Man muss begreifen und spüren, worum es geht und was reizvoll sein könnte: Das könnte der Stolz sein, es zu schaffen oder das positive innere Bild des eigenen schlanken Körpers, die Vorstellung, sich beim Laufen leichter zu fühlen oder für andere Menschen attraktiv zu sein. Es ist wichtig, diese emotionalen Zielzustände nicht nur zu denken, sondern sich emotional darauf einzulassen, sich davon erfassen zu lassen, innerlich zu schwärmen und zu schwelgen. Aus diesem Grund sollten Sie bereits beim «Ziele-TÜV» besonders gut darauf achten, dass Ihr Ziel attraktiv-motivierend formuliert ist (vgl. 3.2.2)

Neben der positiven emotionalen Attraktivität des Ziels brauchen Sie eine **zuversichtliche Grundstimmung**, um die Verbindung zu Ihrem (hoffentlich ausreichend) attraktiven Ziel im Alltag aufrechtzuerhalten. Sie sollten wissen, wie Sie sich in diese Stimmung bringen oder diese Stimmung bei sich selbst fördern können. Je nach Persönlichkeit sind die Mittel hier verschieden und vielfältig. Der eine möchte über sein Projekt reden, der Nächste braucht regelmäßig Sport, um sich zuversichtlich zu fühlen. Wenn ich lange Durststrecken beim Schreiben überwinden muss, stelle ich die beste Rezension des letzten Buches in einem kleinen Rahmen auf meinen Schreibtisch. Sie erinnert mich daran, dass sich die Mühe lohnt. Manche Häuslebauer hängen sich die Bauzeichnung vom Haus, das sie gerade bauen, in die Küche. Solche **Anker** erinnern an unser Ziel und signalisieren uns: **Ich schaffe es!** Ohne dass wir es jeweils bewusst wahrnehmen, lösen sie eine ähnliche positive Körperreaktion aus wie das motivierende Ziel und helfen auf diese Weise mit, die Motivation in Schwung zu halten. Je mehr solcher Erinnerungshilfen wir finden und gezielt einsetzen, desto größer die Chance des Dranbleibens. Am wirkungsvollsten ist es, wenn die Anker die unterschiedlichen Sinne ansprechen. Musik, Bilder, Gedichte, symbolhafte Gegenstände, angenehme Düfte, Entspannung, bestimmte Bewegungen oder kleine persönliche Rituale – es gibt tausend Möglichkeiten.

Als dritte Zutat zum Dranbleiben helfen **regelmäßige Wiederholungen**. Das neue Verhalten muss durch Wiederholung selbst zu einer Gewohnheit werden, die längerfristig auch ohne rationale Entscheidung als Verhalten «gewählt» wird. Sie muss also ins Repertoire des Autopiloten überführt werden. Herz und Hirn müssen sich allmählich an das neue Verhalten gewöhnen. Wenn man lange genug geht oder läuft, bewegen sich die Füße «von alleine». Wer viele Jahre Auto fährt, beherrscht die Bewegungen wie im Schlaf. Wer einige Wochen lang nach dem Abendbrot nichts mehr isst, denkt irgendwann nicht mehr ans Essen. Neue Gewohnheiten so weit zu etablieren, dass sie ins Repertoire unserer unbewussten Verhaltenssteuerung (des «Autopiloten») übernommen werden, dauert oft mehrere Monate. Erst danach können wir einigermaßen sicher sein, dass wir das neue Verhalten nicht bei der ersten Anfechtung wieder verlieren.

Die vierte Zutat zum Dranbleiben besteht in **regelmäßigen Zwischenbilanzen**. Nur durch regelmäßige Auswertungen zwischendurch können kleine Erfolge gewürdigt und rechtzeitig Kurskorrekturen vorgenommen werden – das gilt fürs Arbeitsleben genauso wie für Familie und Partnerschaft. Die meisten Menschen würden dieser Aussage ohne weiteres zustimmen. In der operativen Hektik des Alltags geraten Zwischenbilanzen, die man sich eigentlich vorgenommen hatte, allerdings schnell in Vergessenheit, und man erinnert sich erst wieder daran, wenn etwas nachhaltig schiefgelaufen ist. Der Sinn von Zwischenbilanzen sollte aber gerade die **vorbeugende Pflege** und nicht die nachträgliche Krisenbehandlung sein.

Um die richtigen Abstände und die angemessene Form für kontinuierliche Zwischenbilanzen zu finden, sollten Sie einen Blick auf Ihre wichtigen Bedürfnisse werfen. Wer ein starkes Nähebedürfnis hat, möchte sich vielleicht öfter über seine Erfahrungen austauschen und gemeinsam mit einem Freund über nächste Schritte nachdenken. Wer Struktur und Ordnung braucht, den motivieren Pläne und Tabellen, in denen man Ziele eintragen und Zwischenerfolge abhaken kann. Ein starkes Bedürfnis nach Selbstwert und Anerkennung wird vielleicht eher befriedigt, wenn Zwischenerfolge gefeiert und auch von anderen gewürdigt werden.

Unabhängig davon, für welchen Weg und welche Form der Zwischenbilanzen Sie sich entscheiden, sollte es immer um folgende Fragen gehen:

Welche wichtigen Ziele oder Aufgaben hatten Sie sich für diesen Zeitabschnitt vorgenommen, und was davon haben Sie schon umgesetzt bzw. wie weit sind Sie auf dem Weg zu Ihrem Ziel? Falls Sie dann bei diesen Bilanzen merken, dass Sie nichts oder nur wenig erreicht haben, sollten Sie sich folgende Fragen zur Selbstmotivation stellen:

Angenommen, Sie finden genau den richtigen Weg, sich zu motivieren, denken Sie dann eher, dass Sie …

- Ihr Ziel überprüfen und verändern müssten,
- die Rahmenbedingungen ändern müssten,
- Ihre Arbeitsorganisation ändern müssten,

- mehr Druck oder Kontrolle bräuchten,
- Erinnerung, Ermutigung oder Belohnung bräuchten
- oder dass Verschiedenes davon zutrifft
- oder noch etwas ganz anderes gut für Sie wäre?

Mit diesen Fragen bieten Sie sich selbst verschiedene mögliche Perspektiven an und können dann individuell entscheiden, wie Sie zukünftig besser «dranbleiben» und angemessen für Ihre Selbstmotivation sorgen können. In der Übung 3.3.11 «Dranbleiben» können Sie dieses Thema für sich vertiefen.

3.3 Übungen zum Selbstcoaching

Mit den folgenden Übungen können Sie das Thema Motivation und Leistungsbereitschaft für sich persönlich konkretisieren. Vielleicht sind Ihnen schon beim Lesen des Kapitels Ideen gekommen, welchen Aspekt Sie gern für sich vertiefen möchten. Dann können Sie anhand der Überschriften entscheiden, welche Übung Sie nutzen wollen. Die Übungen erfordern zum Teil eine starke innere Konzentration. Wenn Sie alle Übungen Schritt für Schritt durchgehen wollen, sollten Sie also ausreichend Zeit und «Verdauungspausen» einplanen.

Manche Übungen kann man ganz gut alleine machen, andere erfordern kreatives Nachdenken und eignen sich besser für den Dialog mit einem Partner. Im Dialog macht es mehr Spaß, und in der Regel entstehen dabei mehr Erkenntnisse und Ideen.

Die Übungen im Überblick

Übung 3.3.1   Motivationsquellen und Motivationsräuber entdecken
Übung 3.3.2   Leistungs- und Motivationspanorama
Übung 3.3.3   Bedürfnisprofil
Übung 3.3.4   Einstellungen und Überzeugungen zu Arbeit, Leistung und Erfolg

Übung 3.3.5   Die Zukunft entwerfen

Übung 3.3.6   Ziele formulieren – Vom Zukunftswunsch zum
konkreten Ziel

Übung 3.3.7   Ziele auf dem Prüfstand

Übung 3.3.8   Inneres Patt: Bedürfnis- und Zielkonflikte klären

Übung 3.3.9   Hinderliche Einstellungen ändern

Übung 3.3.10 Förderliche Rahmenbedingungen schaffen

Übung 3.3.11 Die persönliche Arbeitsorganisation verbessern

Übung 3.3.12 Dranbleiben

Übung 3.3.1 Motivationsquellen und Motivationsräuber entdecken

 Einzelübung: Diese Übung soll Ihnen helfen, sich darüber klar zu werden, wo Sie Kraft und Energie gewinnen und was Ihnen Energie raubt.

1. Überlegen Sie sich zunächst, welche Tätigkeiten Ihnen besonders Spaß machen und wobei Sie eher Kraft und Energie gewinnen. Lassen Sie dabei jede innere Bewertung und Zensur weg: Es kann sich um kleine, große, wichtige oder unwichtige Tätigkeiten handeln. Denken Sie auch an Dinge, die Sie früher gerne gemacht und die Sie in letzter Zeit vernachlässigt haben. Schreiben Sie auf, was Ihnen spontan einfällt:

• Welche Tätigkeiten machen mir besonders Spaß und geben mir Energie?

Zum Beispiel:

Körperliche Tätigkeiten: Bewegung, körperliche Arbeit, Sport oder Spiel ...

Feinmotorische Tätigkeiten: Präzisionsarbeit, Schneidern, Tischlern, Sticken und Stricken, Modelle bauen, Reparieren ...

Geistige Tätigkeiten: Lesen, Nachdenken, Konzepte schreiben, Tüfteln am Computer, Lösungen von Problemen (er-)finden, Strategien entwickeln ...

Tätigkeiten im Umgang mit Menschen: Gespräche führen, Telefonieren, Diskutieren, Konflikte lösen, Verkaufen, andere anleiten, Gruppen leiten ...

Musische, künstlerische und kreative Tätigkeiten: Musizieren, Schreiben, Theater spielen, Malen, Zeichnen, Tanzen, Gestalten, Einrichten, Architektur ...

2. Dann gehen Sie die verschiedenen Lebensbereiche durch und beantworten für jeden Bereich folgende Fragen:

- Was motiviert mich im Moment, was erlebe ich als Tankstelle für Energie?
- Wo erlebe ich Lustlosigkeit? Wo sind zurzeit meine größten Motivations- und Energieräuber?

Beruf/Arbeit
Freizeit
Beziehungen
Gesundheit
Wohnen
Finanzen

3. Dann ziehen Sie ein Fazit:

- In welchem Lebensbereich liegen meine Motivationsquellen, die mir Kraft geben? Wo sind meine Baustellen, um die ich mich kümmern sollte?

  Im Dialog: Erzählen Sie Ihrem Übungspartner von Ihren Motivationsquellen und Motivationsräubern.

Übung 3.3.2 Leistungs- und Motivationspanorama

Einzelübung: In dieser Übung geht es darum, wichtige Leistungen und Erfolge in Ihrem Leben genauer zu untersuchen und zu verstehen, welche Motivationszutaten Sie brauchen, um erfolgreich zu sein. Das Leistungs- und Motivationspanorama ist eine Erweiterung der Übung 3.3.1.

1. Schreiben Sie zunächst alles auf, was Sie in den verschiedenen Lebensabschnitten und Lebensbereichen erfolgreich geschafft und geschaffen haben. Gehen Sie dafür folgende Lebensabschnitte und Lebensbereiche durch:

Kindheit (Elternhaus, Kindergarten …):
Jugend (Schule, Vereine, Jugendgruppen …):
Ausbildung (Lehre, Studium, Bundeswehr, Prüfungen, Abschlüsse …):
Beruf (Aufgaben, Rollen, Projekte, Weiterbildungen …):
Freizeit (Sport, Urlaube, Vorlieben …):
Beziehungen (Familie, Partnerschaft, Freundschaften …):
Finanzen (Rücklagen, materielle Sicherheit, Umgang mit Geld …):
Wohnen (Wohnung, Heimat, Lebensstandard …):

2. Dann suchen Sie sich aus dieser Liste einige wichtige Erfolge heraus, für die Sie sich besonders eingesetzt oder angestrengt haben, und beantworten Sie zu jedem Erfolg folgende Fragen:
- Welche der Tätigkeiten, die dafür notwendig waren, haben mir Spaß und Freude gemacht?
- Welche Ziele haben mich dabei motiviert, was wollte ich erreichen?
- Welche wichtigen Bedürfnisse lagen hinter diesen Zielen? Welche Bedürfnisse habe ich mir dadurch erfüllt?
- Welche Gedanken, Einstellungen, Leitsätze oder persönlichen Werte haben mir geholfen, längerfristig dranzubleiben und durchzuhalten?

3. Wenn Sie die Fragen für Ihre wichtigsten Erfolge beantwortet haben, können Sie vielleicht einen roten Faden erkennen. Manchmal gibt es wiederkehrende Tätigkeiten, Ziele, Bedürfnisse und Einstellungen. Falls Sie hier etwas entdecken, haben Sie damit bereits gute Ansatzpunkte für Ihre Selbstmotivation gefunden.

  Im Dialog: Erzählen Sie Ihrem Übungspartner, was Sie zu Ihren wichtigsten Erfolgen motiviert hat.

Übung 3.3.3 Bedürfnisprofil

 Einzelübung: Der folgende Fragebogen soll Ihnen helfen, die Bedürfnisse, die Ihre Motivation und Leistungsbereitschaft am stärksten beeinflussen, genauer kennenzulernen.

Sie finden zu jedem Bedürfnisbereich jeweils sechs Fragen. Schätzen Sie alle Aussagen danach ein, wie weit sie für Sie persönlich zutreffen. Dabei geht es nicht um eine objektive Persönlichkeitsanalyse, sondern vielmehr um eine Tendenz in Ihrem Verhalten. Für Ihre persönliche Bewertung bedeutet:

0 Punkte = die Aussage trifft nicht zu.

1 Punkt = die Aussage stimmt zum Teil.

2 Punkte = die Aussage stimmt überwiegend.

3 Punkte = die Aussage stimmt.

Tragen Sie den jeweiligen Punktwert (zwischen 0 und 3) in das Kästchen rechts neben der Aussage ein.

Addieren Sie am Ende die Punkte pro Bedürfnisbereich und tragen Sie den Gesamtwert in die Spalte ganz links ein. Pro Bedürfnisbereich können Sie insgesamt zwischen 0 und 18 Punkte haben.

Physiologische Grundbedürfnisse:

Gesamt-wert:	• Ich habe ein gutes Empfinden dafür, wenn in meinem Körper etwas nicht stimmt.	
	• Es macht mir Spaß, mich körperlich zu betätigen.	
	• Ich sorge dafür, dass ich körperlich fit bin.	
	• Ich ernähre mich gesund.	
	• Gutes Essen bedeutet mir viel.	
	• Sexualität spielt in meinem Leben eine große Rolle.	

Beziehung und Verbundenheit:

Gesamt-wert:	• Ich habe einen engen Freundeskreis, den ich auch aktiv pflege.	
	• Ich habe einige wirklich gute, vertrauensvolle Beziehungen zu Kollegen.	
	• Ich arbeite gern im Team mit anderen Menschen zusammen.	
	• In Konflikten suche ich einen Konsens, mit dem alle leben können.	
	• Harmonie ist mir oft wichtiger, als mich durchzusetzen.	
	• Ich gestalte meine Arbeit so, dass genügend Zeit für Freunde und Familie bleibt.	

Freiheit und Selbstbestimmung:

Gesamt-wert:	• Wenn man mich kontrolliert, empfinde ich das schnell als Bevormundung.	
	• Ich kann auf Ratschläge anderer meistens verzichten.	
	• Ich arbeite gern und effektiv allein.	
	• Ich lasse mich von anderen nicht vereinnahmen.	
	• Wenn ich mich auf mich selbst verlasse, bin ich am besten beraten.	
	• Ich bin lieber für mich allein als in Gesellschaft.	

Sicherheit:

Gesamt-wert:	• Ich bin besser organisiert als die meisten anderen Menschen.	
	• Ich versuche, mir meine Arbeit so rationell wie möglich einzurichten.	
	• Nach Möglichkeit vermeide ich Risiken.	
	• Unübersehbare Aufgaben machen mich nervös.	
	• Bevor ich eine Entscheidung treffe, überlege und überprüfe ich sehr gründlich, ob sie richtig ist und was schiefgehen könnte.	
	• Bevor ich mich auf Veränderungen einlasse, möchte ich wissen, was auf mich zukommt.	

Erkundung:

Gesamt-wert:	• Ich interessiere mich für andere Menschen und für deren Meinungen.	
	• Ich bin immer offen für neue Ideen und Vorschläge.	
	• Ich bin vielseitig und lasse mich schnell begeistern.	
	• Ich verlasse mich auch gern mal auf den Zufall.	
	• Meine Termine organisiere ich am liebsten spontan.	
	• Gleichbleibende Tätigkeiten langweilen mich schnell.	

Selbstwert(-erleben):

Gesamt-wert:	• Ich kann mit Kritik eher schlecht umgehen.	
	• Wenn ich Anerkennung erlebe, blühe ich auf.	
	• Wenn ich einen Misserfolg habe, zweifle ich an meinen Fähigkeiten.	
	• Es verunsichert mich, wenn andere mich negativ beurteilen.	
	• Meine Gefühle sind sehr leicht zu verletzen.	
	• Ich habe ein feines Gespür dafür, ob andere mich akzeptieren.	

Sinn und Wertkongruenz:

Gesamt- wert:	· Ich engagiere mich aktiv für soziale Ziele.	
	· Anweisungen, deren Sinn ich nicht verstehe und gutheiße, befolge ich nur widerstrebend.	
	· Nur wenn ich von einer Sache überzeugt bin, kann ich mich mit vollem Engagement dafür einsetzen.	
	· Wenn ich etwas Sinnvolles bewirken kann, gehe ich in meiner Arbeit auf.	
	· Eine Arbeit, die meinen eigenen Werten entgegensteht, würde ich beenden.	
	· Eine sinnvolle Tätigkeit ist für mich ebenso wichtig wie ein gutes Einkommen.	

Dominanz und Höherstellung:

Gesamt- wert:	· Um meine Ziele zu erreichen, bin ich auch bereit, zu kämpfen.	
	· Wenn ich spreche, lasse ich mich nicht unterbrechen.	
	· Es liegt mir, die Verantwortung in einer Gruppe zu übernehmen.	
	· In Konkurrenzsituationen habe ich ein starkes Bedürfnis, zu gewinnen.	
	· Konkurrenz empfinde ich meistens als angenehme Herausforderung.	
	· Wer mich besiegen will, muss lange kämpfen.	

Tragen Sie jetzt den Gesamtwert jedes Bedürfnisses (von 0 bis 18) in folgendem Schema mit jeweils einem Kreuz ein und verbinden Sie die Kreuze so, dass Ihr **persönliches Bedürfnisprofil** entsteht:

	0	1	2	3	4	5	6	7	8	9	10	11	12	13	14	15	16	17	18
Physiologische Grundbedürfnisse																			
Beziehung + Verbundenheit																			
Freiheit + Selbstbestimmung																			
Sicherheit																			
Erkundung																			
Selbstwert																			
Sinn + Wertkongruenz																			
Dominanz + Höherstellung																			

Bedürfnisse mit einem hohen Gesamtwert bedeuten, dass sie in Ihrem Leben eine größere Rolle spielen und Ihr Verhalten vermutlich relativ stark bestimmen. Für das persönliche Wohlbefinden und die eigene Motivation ist es wichtig, diesen Bedürfnissen besondere Beachtung zu schenken. Der nächste Schritt soll Ihnen dabei helfen.

Überlegen Sie sich jetzt:

- Womit und wie weit kann ich meine wichtigsten Bedürfnisse im Arbeitsalltag erfüllen?
- Womit und wie weit kann ich meine wichtigsten Bedürfnisse im Leben insgesamt erfüllen?
- Welche Bedürfnisse kommen zu kurz? Worum sollte ich mich mehr kümmern?

 Im Dialog: Wenn Sie die Übung mit einem Gesprächspartner durchführen, füllt erst jeder seinen Bogen aus, dann beginnen Sie zu erzählen.

Der Übungspartner interessiert sich, hört zu und fragt nach, ohne zu interpretieren. Danach wechseln Sie die Rollen.

Übung 3.3.4 Einstellungen und Überzeugungen zu Arbeit, Leistung und Erfolg

 Einzelübung: Diese Übung soll Ihnen helfen, Ihre Einstellungen und Überzeugungen genauer zu untersuchen.

1. Überlegen Sie zunächst, mit welchen förderlichen oder behindernden Werten, Grundsätzen, Haltungen zum Thema Arbeit und Leistung Sie im Lauf Ihres Lebens konfrontiert waren. Gehen Sie dafür innerlich wichtige Bezugspersonen und Modelle aus Kindheit und Jugend, Schule, Ausbildung und Beruf durch und notieren Sie sich jeweils die wichtigsten Botschaften zu Arbeit und Leistung, die Ihnen diese Personen vermittelt haben.

- Welche Werte, Grundsätze und Haltungen wichtiger Bezugspersonen haben mich geprägt? Welche Botschaften haben mir wichtige Menschen zum Thema Arbeit und Leistung vermittelt – im Guten wie im Schlechten?

Eltern:
Großeltern:
Lehrer:
Erzieher:
Ausbilder:
Vorgesetzte:
Weitere Personen, die Einfluss hatten:

2. Dann fragen Sie sich:

- An welchen Werten und Überzeugungen orientiere ich mich heute?

- Was würde ich gern ändern? Welche Überzeugungen würde ich gerne loslassen? Welche Einstellung zum Thema Arbeit und Leistung würde ich gerne entwickeln?

 Im Dialog: Erzählen Sie Ihrem Übungspartner von Ihren Einstellungen und Überzeugungen. Danach tauschen Sie die Rollen.

In der Übung 3.3.10 finden Sie eine Anleitung, wie man hinderliche Einstellungen analysieren und verändern kann.

Übung 3.3.5 Die Zukunft entwerfen

Einzelübung: Mit dieser Übung können Sie sich Ihre längerfristigen Wünsche und Lebensziele bewusst machen. Schaffen Sie sich eine Situation, in der Sie entspannt und ungestört eine Zeit lang für sich sein können.

Überlegen Sie sich zunächst die zeitliche Perspektive für Ihren Zukunftsentwurf. Das können kurze Zeitspannen sein wie zum Beispiel zwei Jahre, mittlere Zeitspannen von fünf bis zehn Jahren, aber auch zwanzig Jahre und mehr – je nachdem, was Sie jetzt für sich interessant finden.

Stellen Sie sich vor, die entsprechenden Jahre sind bereits vergangen. Sie befinden sich also im Jahr «x», Sie sind jetzt «x» Jahre älter, und alles ist genauso geworden, wie Sie es sich gewünscht haben. Ihre Träume und Sehnsüchte haben sich erfüllt. Sie leben genauso, wie es für Sie stimmt. Sie tun genau das Richtige – ohne sich zu überfordern oder sich zu unterfordern. Ihre Kräfte und Kompetenzen, Ihre Stärken und Potenziale können sich voll entfalten. Sie fühlen sich sicher und lebensfroh …

Nun haben Sie es sich bequem gemacht und schreiben einen Brief an Ihre beste Freundin oder Ihren besten Freund.

Ganz erfüllt von den positiven Ereignissen und Erfolgen der letzten Monate und Jahre, erzählen Sie, was sich seit damals in Ihrem Leben getan hat. Sie hatten lange keinen Kontakt mit Ihrem Freund/Ihrer Freundin, und deshalb schreiben Sie konkret und ausführlich, welche Veränderungen es gegeben hat und worauf Sie besonders stolz sind. Sie berichten zum Beispiel:

· Wie ich jetzt wohne und lebe …
· Wie sich meine berufliche Situation verändert hat …
· Woran ich arbeite und mit wem …
· Wie ich meine Freizeit verbringe …
· Welche Menschen mir jetzt wichtig geworden sind …
· Wie sich meine finanzielle Situation entwickelt hat …
· Was meinem Leben Sinn gibt und welche Werte mein Handeln leiten …
· Wodurch ich Kraft und Energie tanke und wie ich meine Gesundheit und Leistungsfähigkeit pflege und erhalte …
· Was ich insgesamt dafür tue, um mich seelisch ausgeglichen und reich zu fühlen …
· Was mir sonst noch wichtig ist …

Nehmen Sie sich für diesen Brief so viel Zeit, wie Sie brauchen.

Im Dialog: Wenn beide Partner fertig sind, beginnt einer, seinen Brief vorzulesen. Der andere hört zu und gibt Feedback, welche Aspekte ihn am meisten beeindruckt oder berührt haben. In der nächsten Übung können Sie dann Ihren Zukunftsentwurf konkretisieren und daraus Ziele ableiten.

Übung 3.3.6 Ziele formulieren – Vom Zukunftswunsch zum konkreten Ziel

  Einzelübung oder Dialog: Bisher haben Sie sich im Bereich der Wünsche und Phantasien bewegt. Jetzt geht es darum, diese Wünsche in konkrete Ziele zu übersetzen. Dabei können Sie ganz unbefangen vorgehen und brauchen sich noch nicht festzulegen, welches dieser Ziele Sie sich später wirklich vornehmen wollen.

Lesen Sie den Brief mit Ihrem Zukunftsentwurf noch einmal langsam Satz für Satz und versuchen Sie (mit Ihrem Dialogpartner), die Ziele herauszufiltern, die in der Vision enthalten sind. Notieren Sie die Ziele auf einem Blatt Papier und achten Sie darauf, dass sie in der Ichform und möglichst konkret formuliert werden, zum Beispiel:

- Ich wohne in einer Wohngemeinschaft mit xyz.
- Ich arbeite an einem Buch über …
- Ich leite ein Team von maximal sechs Personen, mit denen ich mich regelmäßig austauschen kann.
- Ich leiste noch 40 Prozent der Hausarbeit, die anderen 60 Prozent sind so organisiert, dass sie von anderen Familienmitgliedern übernommen werden.
- Ich laufe dreimal wöchentlich 30 Minuten und gehe einmal wöchentlich zum Tennis.
- Ich halte mir den Samstag und Sonntag komplett frei für private Unternehmungen, dafür lasse ich auch Arbeit liegen usw.

Erst wenn die Vision in eine Liste möglicher positiver Ziele übersetzt ist, entscheiden Sie sich, ob Sie sich eins dieser Ziele vornehmen wollen. Sie sollten sich gegenseitig ermutigen, sich nur die Ziele wirklich vorzunehmen, die Sie mit Sicherheit auch in einem Jahr noch mit Energie verfolgen möchten. Alles andere sollten Sie zunächst lieber auf der Visions- und Wunschebene lassen und darauf vertrauen, dass motivierende innere Bilder und Wünsche auch von selbst ihre Kraft ent-

falten können. Wenn Sie sich ein oder mehrere Ziele konkret vornehmen, können Sie mit der nächsten Übung weitergehen.

Übung 3.3.7 Ziele auf dem Prüfstand

Einzelübung: Damit Sie sich nicht aus spontaner Begeisterung zu viel oder das Falsche vornehmen, können Sie mit
dieser Übung wichtige Ziele auf ihre Lebens- und Motivationstauglichkeit prüfen und gegebenenfalls so umformulieren, dass
sie erfolgversprechender werden. Beantworten Sie dafür die folgenden
Fragen schriftlich:

Ist das Ziel positiv formuliert? Falls Ihr Ziel eine Verneinung enthält,
finden Sie eine positive Formulierung, indem Sie sich fragen:
- Was möchte ich stattdessen? Was werde ich stattdessen tun?
  Formulieren Sie Ihr Ziel in einem positiven Satz!

Ist das Ziel attraktiv und motivierend? Falls Sie sich nicht sicher sind,
fragen Sie sich:
- Was macht dieses Ziel reizvoll für mich?
- Was hätte ich für mein Leben gewonnen, und welches wichtige Bedürfnis wäre dadurch erfüllt?
Formulieren Sie Ihr Ziel so, dass «Kopf und Bauch» eindeutig ja dazu
sagen können.

Ist das Ziel (selbst-)erreichbar? Hier sollten Sie sich fragen:
- Ist das Ziel realistisch?
- Liegt die angestrebte Veränderung in meiner Macht und in meinem
  Einflussbereich?
- Wessen Unterstützung brauche ich dafür?
Formulieren Sie Ihr Ziel so, dass Sie es selbst erreichen können und
nicht auf andere angewiesen sind.

Ist das Ziel «ökologisch» sinnvoll und verträglich? Hier können Sie sich fragen:

- Angenommen, das Ziel ist erreicht, mit welchen Wirkungen und Nebenwirkungen muss ich rechnen?
- Was wäre der Preis? Was könnte schwieriger werden? Wer könnte Einwände haben?
- Passt das Ziel zu meinen Wertvorstellungen, meinem Selbstverständnis, meinen anderen Zielen im Leben?

Formulieren Sie Ihr Ziel so, dass Sie mit dem Preis und den Konsequenzen gut leben können.

Ist das Ziel konkret-messbar? Um herauszufinden, woran Sie Ihren Erfolg messen wollen, können Sie fragen:

- Was würde ich konkret tun oder anders machen? Wann, wo, mit wem?
- Woran würde ich selbst merken, dass ich mein Ziel erreicht habe?
- Woran würden andere es merken?

Beschreiben Sie Ihr Ziel so, dass Sie wissen, worauf Sie Ihre Bemühungen konzentrieren wollen.

 Im Dialog: Der Übungspartner übernimmt die TÜV-Funktion. Er stellt die Fragen und notiert die Antworten, bis das Ziel erfolgversprechend formuliert ist.

Übung 3.3.8 Inneres Patt: Bedürfnis- und Zielkonflikte klären

Einzelübung: Wenn Sie merken, dass sich verschiedene Ziele und Bedürfnisse, die Sie verwirklichen möchten, gegenseitig widersprechen und Ihre Handlungsfähigkeit blockieren, können Sie mit dieser Übung Ihren inneren Konflikt klären.

1. Überlegen Sie sich zunächst, welche unterschiedlichen Ziele oder Bedürfnisse es genau sind, die sich nicht vereinbaren lassen. Stellen Sie sich vor, dass in Ihrem «inneren Team» jedes dieser Ziele und Bedürfnisse von einem eigenen Teammitglied vertreten wird. Ein innerer Mitarbeiter wünscht sich vielleicht Sicherheit, ein anderer legt Wert auf gute Beziehungen, und ein Dritter mahnt vielleicht dringend, jetzt endlich den Mut für eine Veränderung aufzubringen. Im Kapitel 3.2.4 haben wir die Idee des «inneren Teams» genauer beschrieben.

Das innere Team

Es geht zunächst darum, die verschiedenen Teammitglieder besser kennenzulernen, bevor Sie sich später für ein konkretes Vorgehen entscheiden. Schreiben Sie zu jedem inneren Mitarbeiter alle Argumente auf, mit denen er seine Position begründen würde:
- Als Teammitglied 1 finde ich wichtig ... warne ich vor ... wünsche ich mir ...

- Als Teammitglied 2 finde ich wichtig … warne ich vor … wünsche ich mir …
- Als Teammitglied 3 finde ich wichtig … warne ich vor … wünsche ich mir …

Und so weiter.

Stellen Sie sich vor, diese inneren Teammitglieder würden wirklich ein Streitgespräch miteinander führen, bis alle Argumente auf dem Tisch liegen. Manche Teammitglieder brauchen etwas länger, bevor sie mit der Sprache herausrücken. Lassen Sie sich etwas Zeit, vor allem für die leisen Stimmen, auf die Sie im Alltag vielleicht nicht so gerne hören.

2. Nachdem Sie die widerstreitenden inneren Argumente gehört und besser verstanden haben, geht es um die Bewertung. Sie können analytisch-rational vorgehen und jedes Argument einzeln gewichten und bewerten:
- Soll dieses Argument mit hohem, mittlerem oder geringem Gewicht in meine Entscheidung einfließen?

Oder Sie wählen einen eher ganzheitlich-intuitiven Weg und stellen sich vor, was ein wohlwollender guter Freund oder Kollege, der Ihre Situation genau kennt und alle Ihre Argumente gehört hat, Ihnen jetzt raten würde. Durch diese Perspektive schaffen Sie Abstand von den einzelnen Argumenten und erfassen wieder die Gesamtsituation:
- Was würde mir ein wohlwollender Freund oder Berater nach Kenntnis aller Argumente in dieser Situation raten?

Vielleicht ist es Ihnen auch jetzt noch nicht möglich, sich für ein Vorgehen zu entscheiden. Das sollten Sie sich nicht übel nehmen, sondern sich klarmachen, dass innere Konflikte immer nützliche Hinweise enthalten, die man ernst nehmen sollte. Vielleicht braucht dieser Konflikt noch etwas Zeit zum Gären, bevor er sich lösen lässt.

 Im Dialog: Erzählen Sie Ihrem Übungspartner die Argumente Ihrer inneren Teammitglieder und wie Sie diese Argumente für sich bewerten.

Übung 3.3.9 Hinderliche Einstellungen ändern

Einzelübung: In der folgenden Übungssequenz geht es darum, eine hinderliche Einstellung oder Überzeugung und die damit verbundenen Denk- und Verhaltensstrukturen etwas genauer kennenzulernen und zu prüfen, ob oder wie weit man sie überwinden kann. Dabei werden verschiedene Perspektiven eingenommen und Fragen gestellt, die man sich im Alltag in der Regel selbst so nicht stellt.

Schreiben Sie sich zunächst die Einstellung oder Überzeugung, die Sie selbst ändern möchten, in einem prägnanten Satz auf. Machen Sie sich anhand einiger Beispiele klar, wann und wie diese Überzeugung sich hinderlich auswirkt. Danach beantworten Sie der Reihe nach die folgenden Fragen so ausführlich wie möglich.

1. Im ersten Schritt sollen Sie herausfinden, welche **Fähigkeiten** mit dieser Einstellung verbunden sind. Wer zum Beispiel davon überzeugt ist, keinen Fehler machen zu dürfen, der ist auch selbstkritisch, engagiert, genau und gründlich, setzt hohe Maßstäbe, hat hohe Ansprüche an sich selbst und muss sehr diszipliniert sein. Geben Sie sich bei der Suche nicht mit einer Fähigkeit zufrieden! Meistens stecken viele Fähigkeiten hinter einer Überzeugung. Notieren Sie alles, was Ihnen hierzu einfällt:

- Welcher positive Kern steckt in dieser Überzeugung? Was muss jemand können, der nach dieser Überzeugung lebt?

2. Dann wechseln Sie die Perspektive und überlegen, wie das **Gegenteil** dieser Überzeugung sichtbar wird. In unserem Beispiel könnte das hei-

ßen: die Dinge locker nehmen, sich Fehler gestatten, es sich leicht machen, sich vielleicht sogar gehen lassen.
Wie würde sich jemand verhalten, der vom Gegenteil überzeugt ist?

3. Die nächste Perspektive betrifft die **Auswirkungen** dieser Überzeugung. Keine Fehler machen dürfen könnte zum Beispiel bewirken, dass man sich furchtbar anstrengen und sich vieles verkneifen muss. Dafür ist man für andere zuverlässig und einplanbar, vielleicht auch gut ausbeutbar:
- Was bewirkt diese Überzeugung, egal, ob ich es nun will oder nicht? Welche Auswirkungen hat diese Überzeugung auf mich selbst und auf andere? Welche anderen Auswirkungen könnte sie noch haben?

4. Im nächsten Schritt **würdigen** Sie die Überzeugung in ihrer **Bedeutung** für das eigene Leben. Wer zum Beispiel keine Fehler macht, wird vielleicht vor größeren Blamagen und Misserfolgen bewahrt. Versuchen Sie herauszufinden, welchen Nutzen Ihre Überzeugung bisher hatte:
- Wovor hat mich diese Überzeugung bisher im Leben bewahrt? Wofür kann ich ihr dankbar sein?

5. Dann geht es um die Frage, was sich ändern würde, wenn man die hinderliche Überzeugung **aufgeben** würde. Wer sich gestattet, auch Fehler zu machen, gewinnt vermutlich viel Handlungsfreiheit, kann spontan Dinge aussprechen und ausprobieren, muss aber wohl damit rechnen, sich auch unbeliebt und angreifbar zu machen. Versuchen Sie herauszufinden, was sich für Sie ändern würde:
- Angenommen, ich würde diese Überzeugung aufgeben, was wäre dann anders in meinem Leben? Was hätte ich gewonnen, und was wäre der Preis?

6. Jetzt ziehen Sie ein Fazit:
- Welche Perspektive war wichtig oder neu für mich?

- Wie möchte ich meine Einstellung verändern? Was möchte ich beibehalten? Was möchte ich neu formulieren? Wie heißt die veränderte Einstellung oder Überzeugung, die jetzt für mein Leben besser passen würde?

  Im Dialog: Diese Übung funktioniert besonders gut, wenn alle Schritte im Dialog entwickelt werden. Sie sollten die Rollen erst tauschen, wenn einer mit allen Schritten fertig ist.

Übung 3.3.10 Förderliche Rahmenbedingungen schaffen

   Einzeln oder im Dialog: Mit dieser Übung können Sie überprüfen, ob und wie weit Sie die Rahmenbedingungen ändern müssen, um motiviert zu arbeiten. Beantworten Sie dafür die folgenden Fragen:

Ziele
- Wie klar und eindeutig sind die Ziele meiner Arbeit oder meiner Aufgaben?
- Womit kann ich mich identifizieren? Was möchte ich klären?
- Was kann ich eigenständig klären?
- Mit wem muss ich die Aufgaben und Ziele klären und verhandeln?
- Welche persönlichen Stärken und welche Ressourcen im Umfeld kann ich dafür nutzen?

Zeit für die Aufgabe
- Stimmen die Zeitbudgets für meine Aufgaben?
- Wofür brauche ich mehr Zeit? Was könnte ich schneller erledigen?
- Was könnte ich eigenständig anders organisieren?
- Mit wem müsste ich etwas klären und verhandeln?

- Welche persönlichen Stärken und welche Ressourcen im Umfeld kann ich dafür nutzen?

Arbeitsmittel und Räume
- Wie ist meine / unsere Ausstattung mit Arbeitsmitteln / Räumen?
- Womit bin ich zufrieden? Was möchte ich verändern?
- Was könnte ich eigenständig entscheiden, organisieren oder angeschaffen?
- Mit wem müsste ich worüber verhandeln?
- Welche persönlichen Stärken und welche Ressourcen im Umfeld kann ich dafür nutzen?

Aufgabenverteilung
- Wie sinnvoll und gerecht sind die Aufgaben verteilt?
- Womit bin ich zufrieden? Was möchte ich ändern?
- Was könnte ich eigenständig anders organisieren?
- Mit wem müsste ich über eine andere Aufgabenverteilung verhandeln?
- Welche persönlichen Stärken und welche Ressourcen im Umfeld kann ich dafür nutzen?

Unterstützung
- Bekomme ich die Hilfe und Unterstützung, die ich für meine Arbeit brauche?
- Womit bin ich zufrieden? Was möchte ich verändern?
- Welche Unterstützung kann ich mir selbst organisieren / besorgen?
- Mit wem müsste ich über zusätzliche Unterstützung verhandeln?
- Welche persönlichen Stärken und welche Ressourcen im Umfeld kann ich dafür nutzen?

Arbeitsabläufe
- Wie sinnvoll sind die Arbeitsabläufe geregelt?
- Womit bin ich zufrieden? Was möchte ich ändern?
- Was kann ich eigenständig anders regeln?

- Mit wem müsste ich über andere Arbeitsabläufe verhandeln?
- Welche persönlichen Stärken und welche Ressourcen im Umfeld kann ich dafür nutzen?

 Im Dialog: Suchen Sie gemeinsam nach Lösungen, wie sich die Rahmenbedingungen verbessern lassen.

Übung 3.3.11 Die persönliche Arbeitsorganisation verbessern

 Einzeln oder im Dialog: Mit dieser Übung können Sie überprüfen, wie Sie Ihre persönliche Arbeitsorganisation verbessern können.

1. Kreuzen Sie zunächst alle Aussagen an, die auf Sie zutreffen. Identifizieren Sie dann die drei wichtigsten Motivationsräuber in Ihrer persönlichen Arbeitsorganisation und Arbeitsweise.

Ich habe insgesamt zu viel zu tun.	
Ich habe zu viele Aufgaben gleichzeitig zu erledigen.	
Ich setze mir für den Tag keine konkreten Ziele.	
Ich plane und strukturiere meinen Arbeitstag nicht.	
Ich priorisiere meine Aufgaben nicht.	
Ich werde häufig bei der Arbeit unterbrochen.	
Es gibt zu viele Ablenkungen bei der Arbeit.	
Unangemeldete Besucher bringen mich aus dem Arbeitsfluss.	
Langwierige und ineffektive Besprechungen rauben zu viel Zeit.	
Mein Schreibtisch ist immer voller Papierkram.	

Ich schiebe unangenehme Aufgaben vor mir her.	
Ich kann nicht nein sagen und lade mir zu viel auf.	
Ich neige zum Überperfektionismus und benötige daher zu viel Zeit.	
Ich verliere mich in Details und unwichtigen Kleinigkeiten.	
Mir fehlt es an Selbstdisziplin und Durchhaltevermögen.	
Ich fange Arbeiten an und beende sie nicht konsequent.	
Ich scheue mich, andere zu fragen, wenn ich nicht weiterweiß.	
Bitte ergänzen Sie die Aussagen …	

2. Überlegen Sie jetzt nacheinander für die drei wichtigsten Motivationsräuber:
- Was möchte ich ändern?
- Welche persönlichen Stärken und welche Ressourcen im Umfeld kann ich dafür nutzen?
- Was nehme ich mir konkret vor?
- Wie stelle ich sicher, dass ich dabei erfolgreich sein kann?

  Im Dialog: Suchen Sie gemeinsam nach Lösungen, wie Sie konkret vorgehen könnten, um die persönliche Arbeitsorganisation oder Arbeitsweise zu verbessern.

Übung 3.3.12 Dranbleiben

Einzelübung: In dieser Übung geht es darum, wie Sie sich über längere Wegstrecken motivieren können. Die Übung funktioniert nur, wenn Sie sich ein konkretes Ziel vorstellen, das Sie erreichen wollen. Dann fragen Sie sich: «Worauf muss ich achten, und was muss ich tun, um auf dem Weg zu meinem Ziel auch langfristig am Ball zu bleiben?» Machen Sie sich klar, wie Sie persönlich gestrickt und gebaut sind, und beantworten Sie folgende Detailfragen:

- Welche neuen Gewohnheiten muss ich annehmen, wenn ich dieses Ziel wirklich erreichen will?
- Mit welchen positiven Ankern kann ich mich an das Ziel erinnern und in eine zuversichtliche Stimmung versetzen?
- Welche Form von Zwischenbilanzen und Feedback brauche ich, um langfristig dranzubleiben? Wie oft? Mit wem? Wie detailliert? Wie vorbereitet?
- Welche Form von Druck und / oder Kontrolle brauche ich, um langfristig dranzubleiben?
- Wie sorge ich für ausreichend Anerkennung, um langfristig dranzubleiben?
- Mit welchen Schwierigkeiten muss ich rechnen? Worauf kann ich mich jetzt schon einstellen oder vorbereiten?
- Wie kann ich mich selbst ermutigen, wenn es Durststrecken zu überwinden gibt?
- Wer kann mich unterstützen, wenn es Durststrecken zu überwinden gibt?

Zum Abschluss ziehen Sie ein persönliches Fazit: Was nehme ich mir vor, um mich auf dem Weg zu diesem Ziel selbst zu unterstützen?

  Im Dialog: Der Übungspartner hört zu und fragt konkretisierend nach. Wenn er den Gesprächspartner sehr gut kennt, kann er auch eigene Ideen einbringen.

4. Einfluss nehmen

4.1 Hintergrundwissen

Selten ist die Welt genau so, wie wir sie uns wünschen. Meist gibt es Gründe, Einfluss zu nehmen, etwas zu verändern und unsere Ziele und Interessen durchzusetzen: Wir wünschen uns eine interessantere Aufgabe, wollen ein wichtiges Ziel oder ein Projekt durchsetzen, wir warten auf eine längst verdiente Gehaltserhöhung oder ärgern uns über eine unsinnige Anweisung. In solchen Situationen stellt sich die Frage: Will ich mich mit dieser Situation arrangieren, oder will ich Einfluss nehmen, um sie zu verändern?

Worin erkennen Sie sich wieder: Neigen Sie eher dazu, sich zu arrangieren oder verändernd einzugreifen? Oder haben Sie beide Fähigkeiten gleichermaßen entwickelt? Nehmen Sie sich einige Minuten Zeit für diese Frage.

Einfluss nehmen ist unbequem und erfordert Mut: Man muss Verantwortung übernehmen, Entscheidungen treffen und zeigen, was man will. Dabei gerät man unweigerlich in Konflikt mit den Interessen anderer Menschen. Was für eine Gruppe nützlich ist, kann die andere stören oder bedrohen. Was der eine für gerecht hält, empfindet der andere als Unrecht. Wer in hierarchisch strukturierten Organisationen wie Unternehmen, Verbänden oder Vereinen etwas bewegen will, muss mit Widerstand, Konflikten und Machtgerangel rechnen. Nur selten sind alle einer Meinung. Wir müssen uns also mit Kollegen, aber auch mit Machthabern und Autoritäten auseinandersetzen. Diese Auseinandersetzung fällt den meisten Menschen schwer, weil sie sich gegenüber mächtigen Personen befangen fühlen und sich in der abhängigen Position besonders vor einer Niederlage fürchten.

In Workshops haben wir oft erlebt, dass selbst erfahrene Mitarbeiter und Führungskräfte ihre Souveränität verlieren, wenn eine ranghöhere Person den Raum betritt. Nachdem zwei Tage angeregt, selbstbewusst und erfolgreich diskutiert wurde, kommt der Geschäftsführer oder ein interessierter Vorstand, den man sonst nur von weitem sieht, zum Kamingespräch. Er will in ungezwungener Atmosphäre erfahren, was die Mitarbeiter beschäftigt. Erstaunlicherweise verläuft das Gespräch in der Kaminrunde aber gar nicht locker, alle sind höchst vorsichtig und verhalten sich ehrfürchtig und übertrieben höflich. Wie ist das zu erklären? Es wäre nicht unbedingt gefährlich gewesen, auf kritische Punkte aufmerksam zu machen und Ideen vorzustellen. Im Gegenteil: Der Einzelne hätte sich dabei durchaus profilieren können. Im Umgang mit Hierarchen werden aber automatisch alle bisherigen Erfahrungen im Umgang mit Autorität und Macht wachgerufen. Plötzlich melden sich Gefühle von Angst und Unsicherheit, man fühlt sich unterlegen und möchte keine Fehler machen.

Wer sich souveräner in Machtkontexten bewegen und effektiver Einfluss nehmen will, muss sich mit diesen Gefühlen auseinandersetzen. Deshalb werden wir Sie im Übungsteil dieses Kapitels anregen, sich Ihre prägenden Erfahrungen mit Autorität und Macht bewusst zu machen.

Vorher wollen wir beschreiben, was wir unter Macht verstehen. Der Machtbegriff wird im täglichen Sprachgebrauch mit unterschiedlichen Bedeutungen verknüpft. Macht wird von manchen Menschen mit Verantwortung, Führung, Ordnung und Autorität verbunden und als selbstverständliche Normalität erlebt. Für andere hat das Wort «Macht» den negativen Beigeschmack von Machtmissbrauch, Unfreiheit, Gewalt oder Unrechtmäßigkeit. Um diese Begriffe zu entwirren, unterscheiden wir drei Formen der Einflussnahme:

- Einfluss durch Macht,
- Einfluss durch Gewalt und
- Einfluss durch Autorität.

4.1.1 Macht, Gewalt und Autorität

Man kann Einfluss mit Gewalt, Macht oder Autorität ausüben. Die Auswirkungen sind jeweils unterschiedlich. Gewaltherrscher werden gefürchtet. Legitime Machthaber werden bestenfalls akzeptiert. Autoritätspersonen werden respektiert und geachtet, manchmal sogar geliebt und verehrt.

Macht

Wir verstehen unter Macht alle legalen und legitimen Möglichkeiten, Einfluss zu nehmen und sich durchzusetzen. In Organisationen regeln Machtstrukturen, wer was entscheiden darf. Das sorgt für Klarheit, Sicherheit, Orientierung und Effizienz. Außerdem werden Konflikte vermieden, wenn sich alle Beteiligten an vorgegebene Regeln halten. Je größer Organisationen sind, desto notwendiger ist Macht als Steuerungselement. Ein Staat ohne Macht ist Illusion. Macht wird gesichert über die Möglichkeit, etwas gewähren oder verweigern zu können, was ein anderer braucht oder meint zu brauchen. Macht lockt mit Belohnungen und droht mit negativen Konsequenzen. Der Vorgesetzte verfügt zum Beispiel über die Macht, Vergünstigungen zu gewähren oder zu verweigern, andererseits kann er auch negative Sanktionsmittel einsetzen, wie Mitarbeiter abmahnen, versetzen oder entlassen.

Macht wurzelt immer in einem Abhängigkeitsverhältnis. Macht ohne Abhängigkeit ist nicht denkbar. Wenn ein Mitarbeiter sich frei fühlt, die Firma zu wechseln, endet die Macht des Vorgesetzten. Wenn die Ehefrau bereit ist, den Mann zu verlassen, endet seine Macht über sie. Abhängigkeit entsteht immer dann, wenn jemand meint, etwas unbedingt haben zu wollen oder auf etwas nicht mehr verzichten zu können. Das kann die Zugehörigkeit zu einer Gruppe, eine bestimmte Arbeit, Geld, Status, Freiheit, Anerkennung, Liebe oder Sexualität sein. Unabhängig davon, mit welchen Mitteln Macht ausgeübt wird: Die Basis der Macht besteht immer darin, einem Abhängigen etwas gewähren oder auch vorenthalten zu können.

Um eine Haltung, Position und Bewertung gegenüber konkret ausgeübter Macht zu finden, helfen die Kriterien der Legalität und der Legitimität. Das gilt gleichermaßen für staatliche Macht wie auch für Machtausübung in privaten und beruflichen Zusammenhängen: Die Macht eines Staates ist **legal**, solange sie im Rahmen der jeweils bestehenden Gesetze ausgeübt wird. Sie ist aber erst **legitim**, wenn sie von den Bürgern auch als rechtmäßig anerkannt wird (vgl. Drechsler 1995, S. 509). Das muss nicht so sein. Ein Staat kann Gesetze erlassen, die vom Volk als unrechtmäßig, ungerecht oder als illegitim empfunden werden. Die Schüsse an der Berliner Mauer mögen innerhalb des herrschenden Rechtssystems legal gewesen sein, sie waren sicher nicht legitim. Legitimität entsteht auf staatlicher Ebene vor allem durch Einhaltung demokratischer Grundprinzipien wie Freiheit, Gleichheit und Minderheitenschutz.

Die Kriterien Legalität und Legitimität helfen nicht nur bei der Beurteilung von staatlicher Macht, sondern ebenso in privaten und beruflichen Zusammenhängen. Die Legalität ist hier gewahrt, wenn gesetzliche Bestimmungen, Verträge, Satzungen, Zusagen und Absprachen eingehalten werden. In diesem Sinn ist es beispielsweise legal, wenn ein Vorgesetzter Entscheidungen trifft, denn alle Mitarbeiter haben der hierarchischen Unternehmensordnung und der damit verbundenen grundsätzlichen Entscheidungsstruktur durch ihre Arbeitsverträge zugestimmt. Es ist «legal», wenn der Leiter des Gesangsvereins das neue Programm bestimmt, der Lehrer Schulnoten verteilt und der Arzt entscheidet, welche Medikamente er verordnet, weil es den Berufsordnungen, Vereinssatzungen oder persönlichen Vereinbarungen entspricht.

Wenn man Macht unter der Perspektive von Legalität betrachtet, wird es leichter, mit ihr umzugehen. Man kann dann ein konkretes Gesetz für ungerecht halten, aber auf einer übergeordneten Ebene dennoch der Meinung sein, dass alle Gesetze eingehalten werden müssen. Als Mitarbeiter kann man eine konkrete Entscheidung des Chefs für falsch halten und die Entscheidung dennoch auf einer grundsätzlichen Ebene akzeptieren: «Jawohl, er kann, darf und muss entscheiden – das ist seine Rolle. Und da er es nun auf legale Weise entschieden hat, trete ich für die Umsetzung ein, obwohl ich die Einzelentscheidung nicht richtig finde.»

Diese Haltung hat Grenzen. Wenn legaler Machtgebrauch aus moralisch-ethischen Gründen nicht akzeptiert und als illegitim erlebt wird, darf oder muss man sich widersetzen. Legitimität erweist sich im täglichen Miteinander neben der formalen Rechtmäßigkeit auch an der Einhaltung allgemeinverbindlicher Normen, allgemeiner Moralvorstellungen und einer informellen Zustimmung, die ausdrückt: «Jawohl, so kann und darf man sich verhalten.» Stellen Sie sich einen Chef vor, der eine private Fehde mit einem Mitarbeiter hat und gezielt Entscheidungen trifft, die für den Mitarbeiter negative Konsequenzen haben. Er gibt dem Mitarbeiter die unangenehmsten und schwierigsten Aufgaben, kontrolliert akribisch und merkt kleinste Fehler sofort an, um bei der nächsten Gelegenheit eine Abmahnung schreiben zu können. Das Verhalten des Chefs ist zwar legal, aber in einem allgemeinen, moralischen Sinne dennoch nicht legitim. Macht verliert ihre Legitimität, wenn sie nicht mehr dem vereinbarten oder vorgegebenen Zweck, sondern ausschließlich dem persönlichen Interesse des Machthabers dient. Das kann persönliche Bereicherung im materiellen Sinne sein, aber auch die Aufwertung der eigenen Person durch Herabsetzen oder Bloßstellen von Abhängigen.

Machteinsatz kann kurzfristig eine effiziente und sichere Methode der Steuerung sein. Der Vorgesetzte sagt, was zu tun ist, und die Mitarbeiter haben sich daran zu halten. Dieses Vorgehen ist insbesondere in Krisensituationen sinnvoll. Wenn das Kino brennt, sollte man keine langen Diskussionen führen. Bei der Bewältigung komplexer Aufgaben kostet diese Art von Führung jedoch langfristig einen hohen Preis. Zum einen wird viel Potenzial verschenkt: Die Mitarbeiter hätten vielleicht andere Ideen gehabt als der Vorgesetzte, und im Dialog wäre man zu besseren Lösungen gekommen. Außerdem lassen sich nur die wenigsten Menschen gerne bevormunden. Wer ständigen Bevormundungen ausgesetzt ist, empfindet einen Verlust von Autonomie und auf der Beziehungsebene einen Mangel an Vertrauen. Die Folgen sind in der Regel Motivationsverlust, Resignation, Rückzug oder Rebellion.

Im Rahmen festgelegter Machtstrukturen setzen moderne Unternehmen daher heute auf die Überzeugung von Mitarbeitern. Sie erwarten von ihren Führungskräften, sich nicht nur über ihre Macht qua Amt zu definieren, sondern sich auch fachliche und menschliche Anerkennung zu verschaffen. Sie sollen ihren Mitarbeitern fair, respektvoll und auf Augenhöhe begegnen und Machtmittel nur im Notfall einsetzen. Dieser positive Grundgedanke sollte nicht darüber hinwegtäuschen, dass ein wirklich partnerschaftlicher Umgang zwischen Führungskräften und Mitarbeitern im Rahmen hierarchischer Machtstrukturen nicht möglich ist. Die Regeln der Macht bleiben im Hintergrund immer bestehen.

Auf Betriebsfesten oder auf Karnevalssitzungen gerät das manchmal in Vergessenheit. Vorgesetzte und Mitarbeiter trinken Brüderschaft und kommen sich menschlich so nahe, dass das Machtgefälle nicht mehr wahrgenommen wird und ein Gefühl wirklicher Gleichberechtigung entsteht. Wenn im Alltag die reale Macht in Form von Anweisungen oder gar Sanktionen wieder eingesetzt wird, erleben die Mitarbeiter diesen Wechsel auf der menschlichen Ebene als Beziehungsverrat und auf der Arbeitsebene als illegitime Machtausübung. Besonders krass wird diese Schieflage bei sexuellen Beziehungen zwischen Vorgesetzten und Abhängigen.

Gewalt

Wenn Macht ihre Legalität oder Legitimität einbüßt, ist die Grenze zur Gewalt erreicht. Gewalt ist ein unrechtmäßiges Vorgehen, mit dem jemand zu etwas gezwungen werden kann. Wer gezwungen wird, etwas zu tun oder etwas hinzunehmen, was er nicht will, ist in seinen legitimen Freiheiten und Handlungsmöglichkeiten behindert. Diese Definition ist geeignet, Macht und Gewalt voneinander abzugrenzen. Wir verstehen unter Macht ausschließlich legale und legitime Einflussnahme – unrechtmäßige, nicht legitime Einflussnahme bezeichnen wir dagegen als Gewalt. Staatsgewalt ist in diesem Sinne keine Gewalt, sondern legale und legitime Ausübung von Macht. Diese begriffliche Trennung schafft aus unserer Sicht eine einfache und eindeutige Bewertung von Macht und Gewalt.

Gewalt behindert auf illegale oder illegitime Weise die Freiheit des Gegenübers. Spektakuläre Formen der Gewalt greifen beispielsweise die körperliche Freiheit und Integrität unmittelbar an oder bringen jemanden durch Nötigung oder Erpressung in eine seelische Notlage. Es gibt jedoch auch weniger spektakuläre Formen von Gewalt, so wenn jemandem der Weg versperrt wird oder jemand nicht zu Wort kommen darf. Manches, was im täglichen Sprachgebrauch noch als Machtspiel bezeichnet wird, wäre in diesem Sinne schon Gewalt: Verunglimpfung, Intrigen, Gerüchte, üble Nachrede, das absichtliche Erzeugen eines Angstklimas, die offene oder angedeutete Androhung, Fehler oder Peinlichkeiten zu veröffentlichen, absichtliche Täuschung und sogar Fehl- oder Nichtinformation. Der Sinn solcher illegitimer Taktiken liegt darin, andere zu schwächen und in ihren legitimen Handlungsfreiheiten zu behindern. Damit ist die Schwelle zur Gewaltausübung bereits überschritten. Auf Gewalt folgt dann in der Regel Gegengewalt mit weiteren Eskalationen, starken emotionalen Wirkungen und psychischen Beschädigungen.

Auch **Manipulation** im Gespräch überschreitet die Grenze zur Gewalt. Was ist Beeinflussung, und wo fängt Manipulation an? Manipulation ist ein undurchschaubares Vorgehen, mit dem sich jemand einen Vorteil verschafft. Manipulation hat also zwei wesentliche Merkmale: Sie ist eigennützig, und sie führt den anderen hinters Licht.

Jede Kommunikation will beeinflussen. Wir nehmen das Gespräch auf, um etwas zu erreichen, wollen informieren oder dazu bewegen, etwas Bestimmtes zu tun. Ein Verkäufer will den Kunden überzeugen, etwas zu kaufen, ein Psychotherapeut möchte dem Klienten zu neuen Sichtweisen verhelfen. In der Kommunikationspsychologie spricht man von der Appell-Seite der Kommunikation. Beeinflussung ist ein normaler, alltäglicher Vorgang. Sie findet immer und überall statt und ist so lange legitim, wie sie mit durchschaubaren Mitteln arbeitet.

Stellen Sie sich einen kommunikationspsychologisch geschulten Gebrauchtwagenhändler vor. Er hat gelernt, dass man den Kunden beraten muss und ihm ein Auto nicht aufschwatzen sollte. Er hört gut zu, fühlt sich in den Kunden und dessen Bedürfnisse ein und berät ihn entsprechend. Der Kunde fühlt sich tatsächlich gut verstanden, er vertraut dem Verkäufer, und am Ende sagt er voller Begeisterung: «Den Wagen nehme ich.» Gegen dieses Verkaufsverhalten ist nichts einzuwenden, es hat mit Manipulation nichts zu tun. Wenn der Verkäufer sich so gut auf den Kunden einstellt, um ihm einen Motorschaden zu verheimlichen, hätte er sich allerdings manipulativ ins Vertrauen des Kunden geschlichen.

Die entscheidende Frage ist also, ob der Verkäufer mit der Wirkung, die er durch Gesprächs- oder Verkaufstechniken beim anderen hervorruft, verantwortlich umgeht. Wenn er das Vertrauen des Kunden missbraucht, um sich selbst einen Vorteil zu verschaffen, und wenn dieser Vorteil zum Nachteil des Kunden ist, spricht man eindeutig von Manipulation.

Im Prinzip kann natürlich jede psychologisch geschickte Form der Gesprächsführung zur Manipulation missbraucht werden. Entscheidend bleibt immer die ethische Grundhaltung, mit der Gesprächstechniken angewandt werden.

Autorität

Autorität bezeichnet das Ansehen, das eine Person bei anderen aufgrund von Leistung, Persönlichkeit, Amt oder Tradition genießt. Im ursprünglichen Wortsinn (lateinisch: auctoritas) bedeutet Autorität Urheberschaft und das Ansehen, das ein Autor als Urheber besitzt. Den

Worten einer Autorität wird besondere Aufmerksamkeit geschenkt, ihre Vorschläge oder Bedenken haben besonderes Gewicht.

Autorität ist kein äußerer Status und schließt auch nicht die Verfügungsgewalt über Belohnungen oder Sanktionen ein. Autorität beruht auf Anerkennung, Achtung und persönlicher Zustimmung. Die Anerkennung als Autorität entsteht freiwillig ohne Druck und Zwang. Autorität wird einer Person zugeschrieben oder auch nicht. Die Person verliert ihre Autorität, wenn andere mit ihr nicht mehr einverstanden sind.

Wir unterscheiden drei Formen von Autorität: Autorität **qua Amt**, Autorität durch **fachliche Kompetenz** und Autorität durch **Persönlichkeit**.

Ob ein Vorgesetzter von seinen Mitarbeitern als Autorität angesehen wird, entscheidet sich nach deren persönlichen Werten und Einstellungen. Wenn ein Mitarbeiter allein vom Status des Vorgesetzten beeindruckt ist, wäre der Vorgesetzte für ihn eine «Amtsautorität». Falls ihn hierarchische Position und Rolle nicht beeindrucken, müsste der Vorgesetzte mehr bieten, um als Autorität erlebt zu werden. Wenn er klug und fachlich versiert ist, könnte er zu einer «Fachautorität» werden. Vielleicht beeindruckt er den Mitarbeiter aber auch durch seine Gerechtigkeit, seine Güte, sein Engagement oder seine Souveränität, also durch seine Persönlichkeit.

Natürlich kann sich ein Vorgesetzter mit Hilfe formaler Macht durchsetzen, auch wenn er keine Autorität besitzt. Die Mitarbeiter werden ihm aber nicht gerne oder freiwillig folgen, sie werden nur das tun, was unbedingt notwendig ist oder sich nicht vermeiden lässt. Wer im Unterschied dazu als Autorität führt, braucht nicht zu drohen und muss nichts anweisen. Formaler Machtgebrauch gefährdet sogar eher das Ansehen als Autorität.

Wir fragen in unseren Seminaren oft: Welche Personen des öffentlichen Lebens sind oder waren für Sie Autoritäten? Einige Persönlichkeiten werden dann immer wieder genannt. Zum Beispiel Willy Brandt, Mutter Teresa, Albert Schweitzer, Papst Johannes XXIII., Marion Gräfin Dönhoff und Richard von Weizsäcker. Wenn wir dann genauer wissen wollen, was diese Personen zu einer Autorität werden lässt, werden allgemein anerkannte Tugenden beschrieben wie soziales Engagement, Aufrichtigkeit, Gerechtigkeit, Unbestechlichkeit, Gradlinigkeit, Zivilcourage, Integrität, Großzügigkeit, Feinfühligkeit, Besonnenheit, Klugheit usw.

Zur Autorität werden diese Persönlichkeiten, weil ihr Verhalten unseren moralisch-ethischen Vorstellungen entspricht. Sie sind Vorbilder, weil sie uns zeigen, wie man nach diesen Grundsätzen leben kann.

4.1.2 Verantwortung

Wer Einfluss ausübt, braucht eine verantwortliche Grundhaltung – sonst ist die Grenze zu Machtmissbrauch und Gewalt schnell erreicht.

Von **sozialer Verantwortung** sprechen wir, wenn jemand über den eigenen Tellerrand hinausschaut und sich nicht nur für seine persönlichen Belange einsetzt. Wenn die Verbundenheit mit anderen Menschen und der Umwelt insgesamt wahrgenommen und verstanden wird, reicht die Zuständigkeit über das eigene Leben hinaus. Soziale Verantwortung kann aus einer rationalen Erkenntnis, aus moralisch-ethischen Einstellungen oder aus der konkreten Fähigkeit und Bereitschaft entstehen, mit anderen Menschen mitzufühlen.

Von **Rollenverantwortung** sprechen wir, wenn wir uns der Anforderungen und Erwartungen bewusst sind, die mit der Übernahme einer Position oder Tätigkeit verbunden sind. Mit Rolle ist hier die Summe der Verhaltenserwartungen gemeint, die das relevante Umfeld an eine Person beziehungsweise an eine Funktion oder Position hat. So wird zum Beispiel von einem Politiker erwartet, dass er seinen politischen Einfluss nicht zur persönlichen Bereicherung nutzt, sein Privatleben im Griff hat und die Positionen vertritt, die im Wahlkampf versprochen wurden. Von Eltern wird erwartet, dass sie mindestens bis zum

18. Lebensjahr für ihre Kinder sorgen und soweit möglich für ihre Ausbildung aufkommen. Von Führungskräften wird erwartet, dass sie die Unternehmensziele in Aufgaben und sinnvolle Arbeitsabläufe übersetzen, Rahmenbedingungen für die erfolgreiche Bewältigung der Aufgaben schaffen und sich für die Entwicklung ihrer Mitarbeiter einsetzen. Die Klärung von Rollen und Aufgaben gibt uns eine normative Orientierung, was getan oder auch unterlassen werden muss. Die Betrachtung einer Rolle und der in ihrem Rahmen festgelegten Aufgaben ist entindividualisiert. Es geht nicht um die Frage, was man tun will, sondern was man in dieser Rolle zu tun hat. Die Erfüllung bestimmter Aufgaben oder ein bestimmtes Handeln ergibt sich aus der Rollenperspektive als Notwendigkeit und nicht als Resultat von persönlichen Empfindungen wie Spaß, Motivation oder Angst. Ob eine Rolle angemessen und verantwortungsvoll ausgefüllt wird, zeigt sich besonders in krisenhaften Situationen. Geht der Kapitän als Letzter von Bord? Geht die Konzernspitze bei Sparmaßnahmen mit gutem Beispiel voran? Schaffen es Eltern nach einer kränkenden Trennung, sich vor den Kindern nicht gegenseitig zu entwerten und in der Erziehung weiter eine gemeinsame Linie zu verfolgen?

Unter **Aufgabenverantwortung** versteht man die Zuständigkeit für eine Aufgabe, für ihre Bewältigung und ihr Ergebnis. Dafür braucht man Handlungsfreiräume, bei größeren Projekten auch die Macht, über Budgets und Personen zu entscheiden. Wenn alle wichtigen Entscheidungen weiterhin vom Vorgesetzten getroffen werden, bleibt die Verantwortung auch dort. Wenn ein Mitarbeiter für die Leitung eines Projekts keinerlei Macht oder Entscheidungsspielraum bekommt, kann er für das Ergebnis auch nicht geradestehen. Im unmittelbaren und ursprünglichen Wortsinn ist aber genau das mit Verantwortung gemeint: anderen Menschen zu antworten, vor ihnen **Rechenschaft** abzulegen und für das eigene Verhalten einzustehen.

Von **Selbstverantwortung** sprechen wir, wenn wir uns innerlich, also vor uns selbst, zu unserem eigenen Handeln bekennen können. Wer bewusst Verantwortung übernimmt, versteht sich als Urheber seines eigenen Handelns und akzeptiert, dass er für die Gestaltung seines Lebens ganz allein verantwortlich ist. Wir sind verantwortlich für die eigenen Gefühle, für unsere Gesundheit, für unsere Handlungen und auch für das, was wir nicht tun. Das Sprichwort «Jeder ist seines Glückes Schmied» drückt diesen Aspekt der Selbstverantwortung aus. Wenn man sich dieser Zuständigkeit für das eigene Leben bewusst wird, erhöht man damit seine Bereitschaft, das Leben zu gestalten, zu steuern, einzugreifen und Einfluss zu nehmen.

Verantwortung setzt jedoch Wahlfreiheit voraus, also die **Freiheit**, so oder auch anders zu entscheiden. Im Alltag fühlen wir uns oft unfrei, weil wir schwierigen Umständen ausgesetzt sind und weil wir nur wenige Handlungsspielräume sehen. Worin besteht aber unsere Wahlfreiheit, wenn der Vorgesetzte sagt, was wir tun sollen? Wie kann man frei handeln und Einfluss nehmen, wenn man um seine Arbeitsstelle bangen muss?

Die Freiheit besteht allein darin, durch Nachdenken zu einem eigenen Urteil und Entschluss zu kommen. Wir können frei entscheiden, ob wir dem Vorgesetzten widersprechen oder nicht, ob wir seinen Vorgaben folgen oder uns widersetzen. Wir können wählen, ob wir eventuelle negative Konsequenzen riskieren wollen oder nicht. Diese Freiheit ist immer vorhanden, und sie kann uns nur durch Gewalt genommen werden.

Wenn man sich die eigene Wahlfreiheit und die eigene Verantwortung bewusstmacht, wird das Leben dadurch nicht unbedingt leichter. Im Gegenteil. Die innere Entschuldigung, man habe aufgrund der schwierigen Umstände nicht anders gekonnt, funktioniert nicht mehr. Wer jahrelang unzufrieden an seinem Arbeitsplatz verharrt, muss sich eingestehen: «Ich habe es so gewählt, weil ich das Risiko einer Kündigung nicht eingehen wollte.» Wer den Ergebnisdruck des Unternehmens ungebremst an seine Mitarbeiter weiterreicht, kann sich nicht damit herausreden, selbst unter Druck gewesen zu sein. Er muss sich zu seinem Führungsstil bekennen. Er hat ihn selbst gewählt und muss ihn verantworten.

Exkurs: Verantwortung für die Vergangenheit übernehmen

Eine besondere Form der Selbstverantwortung besteht darin, auch Verantwortung für die eigene Vergangenheit zu übernehmen. Was wir heute über uns denken und von uns halten, wird maßgeblich dadurch beeinflusst, wie wir unser vergangenes Verhalten bewerten. Verantwortung für die eigene Vergangenheit zu übernehmen bedeutet, die eigene Geschichte anzunehmen und sich als verantwortlicher Gestalter des gesamten bisherigen Lebens zu verstehen.

Bei positiven Entwicklungen fällt das leicht: «Wir haben unmittelbar nach der Wende entschieden, eine eigene Firma zu gründen. Das war damals ein mutiger Schritt, und wir sind stolz, dass wir es geschafft haben.» Schwieriger wird es, wenn man mit einer Entscheidung im Nachhinein unzufrieden ist. Manche Menschen hadern mit Ereignissen oder Entscheidungen, die jahrzehntelang zurückliegen: «Mit 18 Jahren habe ich in der 13. Klasse das Gymnasium geschmissen. Heute bereue ich, dass ich nie studiert habe ..., wenn ich mich damals anders entschieden hätte, wäre mein Leben ganz anders verlaufen ..., wenn ich fleißiger gewesen wäre ..., wenn ich mehr Mut gehabt hätte ..., wenn ich einen anderen Mann geheiratet hätte ..., wenn ich ... wenn ich nicht ...»

Wer auf diese Weise mit der Vergangenheit hadert, möchte die Geschichte zurückdrehen und übernimmt nicht wirklich die Verantwortung für sein damaliges Handeln. Die Gedanken drehen sich im Kreis, und es wird viel Lebensenergie rückwärts gebunden.

Um die eigene Vergangenheit anzunehmen, sollte man vergangenes Handeln nicht nur aus heutiger Sicht betrachten, sondern auch die Lebenswirklichkeit von damals berücksichtigen und akzeptieren: «So wie ich damals war, hat diese Entscheidung zu mir gepasst, mit 17 Jahren konnte und wollte ich nicht anders, damals waren andere Dinge für mich wichtiger.» Diese Haltung nimmt das Unveränderliche als Gegebenheit an und hilft, zu dem zu stehen, was man getan oder unterlassen hat – inklusive aller Konsequenzen. Durch die Anerkennung der Vergangenheit wird man in der Gegenwart wieder handlungsfähig.

4.1.3 Psychologie der Macht

Macht ist durch komplementäre Beziehungen gekennzeichnet. Der eine hat eine höhere Position und darf entscheiden, mehr bestimmen, hat mehr Gewicht und höheres Ansehen als der andere. Darin besteht der Reiz: Macht fühlt sich gut an, weil sie sich mit Ansehen, Geld, Freiheit, Glanz, Schönheit und Sexualität verbindet. Wer mächtig ist, ist gefragt und begehrt, wird gefeiert und hofiert, bewundert und geehrt. Macht ist mit so vielen erstrebenswerten Attributen verknüpft, dass sie wie ein Sucht- und Rauschmittel wirken kann (vgl. Strotzka 1985). Im Rausch der Macht verselbständigt sich das Handeln. Macht dient dann nicht länger einem sachgemäßen, legitimen Zweck, sondern dem persönlichen Machterhalt und dem damit verbundenen materiellen oder psychischen Gewinn für den Machthaber.

Warum sind manche Menschen durch Macht verführbar, während andere jeder Form des Machtmissbrauchs problemlos widerstehen können? Ob wir dem Rausch der Macht erliegen, wird maßgeblich von unserem Selbstwertgefühl beeinflusst. Schon in den frühen zwanziger Jahren des letzten Jahrhunderts hat Alfred Adler, der Begründer der Individualpsychologie, das Streben nach Überlegenheit und Macht als Kompensation eines Minderwertigkeitsgefühls gedeutet. Dieser Gedanke gehört heute zum Alltagswissen: Protzige Autos, zur Schau getragener Luxus und napoleonisches Machtgehabe verfehlen ihre Wirkung, wenn sie als Ausdruck mangelnden Selbstwertgefühls verstanden werden. Die psychologische Theorie des Narzissmus beschreibt diese Zusammenhänge differenzierter.

Narzissmus und Macht

Narziss war in der griechischen Sage ein schöner Jüngling, der sich in sein eigenes Spiegelbild verliebte und sich nach seinem Tod in eine Narzisse verwandelte. Im täglichen Sprachgebrauch versteht man unter Narzissmus eine übersteigerte Selbstliebe. In der Psychologie wird mit dem Begriff Narzissmus allerdings eine schwere Selbstwertstörung beschrieben, bei der ein starkes Minderwertigkeitsgefühl und eine frühe Selbstunsicherheit nur vordergründig überdeckt sind. Wenn sich Narzissmus mit formaler Macht paart, entsteht ein heikles Gebräu. Da diese Störung bei den Inhabern von Machtpositionen stark verbreitet ist, möchten wir Ihnen ihr Erscheinungsbild und ihre Auswirkungen näher beschreiben.

Narzissten haben sich kompensatorisch ein übersteigertes Selbstbild und Selbstwertgefühl angeeignet, um ihre dahinter liegenden Selbstzweifel nicht spüren zu müssen (vgl. Kapitel 2.1.4). Ihre Selbstsicherheit ist brüchig und kann bei Misserfolg leicht in Selbstzweifel kippen.

Bildlich kann man sich ihr Selbstwertgefühl vorstellen wie einen prall aufgeblasenen, glänzenden Luftballon, den schon ein kleiner Stich in sich zusammenfallen lassen kann. Um das zu verhindern, müssen Narzissten stets auf der Hut sein und sich vor Kränkungen und Kritik schützen. Sie schützen sich einerseits, indem sie Beziehungen nicht so intensiv und nah werden lassen, dass sie darin verletzt werden könnten. Andererseits aber auch dadurch, dass sie ihre Umgebung innerlich in Gut und Böse einteilen. Sie unterscheiden strikt zwischen Freund oder Feind und umgeben sich nur mit Menschen, die ihnen nicht gefährlich werden können.

Trotz ihres brüchigen Selbstwertgefühls sind narzisstische Menschen oft erfolgreich, weil sie sehr viel Ehrgeiz und Energie darauf verwenden, Erfolg zu haben. Sie strengen sich an und leisten viel. Sie sind aber auch erfolgreich, weil sie in der Lage sind, schonungslos zu kämpfen und dadurch Siege zu erringen. Oft leiden sie selbst weniger unter ihrer Selbstwertstörung als die Menschen Ihrer Umgebung.

Erfolgreiche Narzissten trauen sich selbst viel zu, und ihr Auftreten wirkt entsprechend selbstbewusst. Erst bei Kränkungen und Niederlagen tritt die untergründige Labilität zutage. Wenn der Luftballon einmal platzt, entstehen ernsthafte seelische Krisen, die das ganze Leben nachhaltig durcheinanderbringen. Solche Krisen werden ausgelöst, wenn die zur Schau getragene Selbstsicherheit nicht mehr aufrechterhalten werden kann, zum Beispiel bei ungewollten Trennungen, wenn die Familie zerbricht, bei großen beruflichen Misserfolgen, bei finanziellen Abstürzen, wenn die Leistungsfähigkeit durch gesundheitliche Probleme versagt oder wenn das öffentliche Ansehen durch Betrug oder andere Machenschaften verspielt ist.

Narzissten sind aufgrund ihrer Sehnsucht nach Bestätigung selten in der Lage, Macht ausschließlich sachbezogen im Sinn einer Aufgabe einzusetzen. Sie sonnen sich in ihrem Glanz und verwenden ihre Macht, um das eigene Selbstwertgefühl zu stärken. Ihre strikte Unterscheidung von Freund und Feind wirkt im Zusammenhang mit Macht fatal. Etwas drastisch ausgedrückt, vermitteln Narzissten den Personen ihrer Umgebung: «Wenn du nicht für mich bist, bist du gegen mich. Solange du auf meiner Seite bist, gehen wir gemeinsam. Wenn du dich gegen mich stellst, werde ich gegen dich vorgehen.» In der Wahl ihrer Mittel sind sie meistens nicht zimperlich. Unbequeme Kollegen und Mitarbeiter werden entwertet, isoliert, bedroht oder eingeschüchtert. Treue und Ergebenheit werden dagegen belohnt. Dadurch entstehen in der Umgebung von Narzissten sehr oft Lager: Auf der einen Seite gibt es einen Fan-Club von Claqueuren, denen keine kritischen Töne über die Lippen kommen. Daneben bildet sich oft eine Gruppe von Skeptikern, die sich unauffällig verhalten. Da es für Untergebene gefährlich ist, in die Ecke der Feinde zu geraten, äußern sie ihre Kritik nicht öffentlich. Natürlich wird hinter verschlossener Tür geredet und kritisiert. Da sind sich viele einig in ihrer Kritik und darin, dass man endlich einmal öffentlich aufzeigen müsste, was alles schiefläuft. Aber wer soll das tun? Wenn sich tatsächlich mal jemand vortraut, folgt oft eine Niederlage oder eine exemplarische Bestrafung. Damit wird jede weitere Kritik im Keim erstickt.

Dennoch ist die Position des mächtigen Narzissten nicht sicher. Wenn er den Bogen durch eigene Fehler oder unrechtmäßiges Verhalten überspannt – und das geschieht früher oder später im Rausch des Erfolgs und der Macht – und ins Trudeln gerät, wird meistens auch die bis dahin ruhige Gruppe der Kritiker aktiv. Wenn eine Chance besteht, den narzisstischen Machthaber zu stürzen, bahnen sich angestaute Wut und manchmal auch Rache ihren Weg.

In der politischen Öffentlichkeit gibt es viele Beispiele, wo es lange gedauert hat, bis lautstark Kritik am narzisstischen Machthaber geäußert wurde. Wenn er erst einmal ins Trudeln und Rutschen kommt, folgt dann meist ein schneller Absturz. Im Nachhinein fragt man sich ratlos: Wie konnte es geschehen, dass so lange Zeit niemand dagegen vorgegangen ist?

Wie kann man sich gegenüber Narzissten verhalten?

Der Umgang mit Narzissten erfordert äußerstes Fingerspitzengefühl, weil schon geringste Kritik und kritische Auseinandersetzungen von ihnen als Kränkung erlebt und aggressiv abgewehrt werden. Als Gegenüber gerät man schnell in eine Ambivalenz zwischen dem Wunsch, sich vor den destruktiven und oft unkalkulierbaren Reaktionen des Narzissten zu schützen, und der entgegengesetzten Haltung: «Das muss jetzt aber mal gesagt werden.»

Der Narzisst verlangt von Menschen in seiner Umgebung, sich eindeutig zu positionieren. Auch wenn man selbst zu ausgewogenen Urteilen und moderatem Verhalten neigt, kann man sich dem polarisierenden Denken und Verhalten eines Narzissten kaum entziehen. Es ist extrem schwierig, eine unabhängige Position zu wahren und sich weder vom Lager der Freunde noch vom Lager der Feinde eingemeinden zu lassen. Wer sich nicht konsequent von heimlichen Absprachen und Mauscheleien fernhält, läuft schnell Gefahr, doch noch zwischen die Fronten zu geraten. Wenn Sie in Ihrem Umfeld mit einem Menschen konfrontiert sind, auf den unsere Beschreibungen passen, sollten Sie mit Kritik äußerst vorsichtig umgehen und nicht erwarten, den anderen durch eine offene Auseinandersetzung oder ein Konfliktgespräch zu erreichen oder gar zu ändern. Stattdessen sollten Sie umso intensiver analysieren, was Sie genau erreichen wollen, welchen Preis Sie notfalls zu zahlen bereit sind und welche anderen Möglichkeiten der Einflussnahme es gibt (vgl. Kapitel 5.2).

Wenn Sie sich bewusst entschließen, einen Narzissten zu kritisieren, gilt umso mehr, was eigentlich für konstruktive Kritik immer gelten sollte: zunächst ansprechen, was man schätzt, und dann die Kritik punktuell, konkret und sachbezogen halten und im Ton und Stil wertschätzend bleiben. Aber auch dann müssen Sie mit heftigen Reaktionen rechnen.

Wenn Sie es schaffen, in Ihrem Urteil und Verhalten eigenständig zu bleiben, können Sie sich eine von allen geachtete und respektierte Position erarbeiten, die zur Abschwächung der Polarisierung im Gesamtgefüge beitragen kann.

4.1.4 Empfindlichkeit im Umgang mit Hierarchie und Macht

Führungskräfte, Gruppenleiter und alle Menschen in herausgehobenen Positionen wie Lehrer und Erzieher, Pastoren und Professoren, Ärzte und Therapeuten, Politiker und Prominente können ein Lied davon singen: Sie werden oft mit einer Heftigkeit geliebt, geachtet und verehrt oder gehasst, verachtet, gefürchtet und kritisiert, die sie mit ihrem eigenen Verhalten nicht in Übereinstimmung bringen können. Jedes Wort wird auf die Goldwaage gelegt, jedes Lob, jede Kritik, jede Aufmunterung, jede schlechte Laune oder Unachtsamkeit wird aufmerksam registriert und kommentiert.

Ein Abteilungsleiter erkundigt sich – seiner Meinung nach freundlich – nach dem Stand eines Projekts und merkt, dass sich der Mitarbeiter kontrolliert und gegängelt fühlt. Oder er setzt sich zu seinen Leuten in die Kaffeeecke, um den Kontakt persönlicher und alltäglicher zu gestalten, und erlebt, dass das Gespräch in seiner Gegenwart vorsichtiger wird oder gar verstummt. Manche Mitarbeiter vertiefen sich akribisch in irgendeine Beschäftigung, um nicht angesprochen zu werden oder dumm aufzufallen. Bei anderen spürt man ständig die Erwartung, gesehen zu werden und Anerkennung zu bekommen. Ähnliches erleben auch Eltern pubertierender Kinder.

Wie kommt es dazu? In Situationen, die durch eine Über- und

Unterordnung charakterisiert sind, reagieren Menschen besonders empfindlich. Die aktuelle Wahrnehmung verknüpft sich mit allem, was in unserem Erfahrungsgedächtnis zum Umgang mit Hierarchie und Macht gespeichert ist. Und das sind nicht selten alte und schmerzliche Erfahrungen mit Unterlegenheit, Ohnmacht, Bemächtigung und Hilflosigkeit, die oft noch nach Jahrzehnten dicht unter der Oberfläche liegen. Dann reicht manchmal ein kleiner Anlass schon aus, um einen wunden Punkt zu treffen und die alten Gefühle wieder wachzurufen. Allein die Leitungsrolle oder eine herausgehobene Position können schon genug strukturelle Ähnlichkeit mit alten Erfahrungen bieten. Meist kommt noch irgendeine kleine Ähnlichkeit im Verhalten dazu. Wir reagieren dann «allergisch» auf bestimmte Situationen oder ein bestimmtes Verhalten – schrecken zusammen, wenn jemand schrill die Stimme erhebt, werden bockig, wenn es heißt «Du musst», oder wütend, wenn man uns nicht ausreden lässt.

Neben den erfahrungsbedingten «Allergien» gegen bestimmte Situationen oder ein bestimmtes Verhalten haben wir aber auch Wünsche und Sehnsüchte nach Anerkennung und Bestätigung, danach, endlich gesehen und anders, nämlich gerecht, wertschätzend, gütig und freundlich behandelt zu werden. Je weniger wir davon in unserer

Sehnsüchte und erfahrungsbedingte «Allergien»

frühen Lebensgeschichte erlebt haben, desto größer und hartnäckiger bleibt die Sehnsucht bzw. unsere Empfindlichkeit.

In jeder Leitungsrolle und in jeder herausgehobenen Position ist man also gut beraten, wenn man sich diesen Zusammenhang bewusst-macht. Wenn Sie in einer Führungsrolle mit übersteigerten Erwartungen und Reaktionen konfrontiert werden, sollten Sie daher besonders feinfühlig reagieren und nicht gleich empört oder beleidigt sein. Sie müssen damit leben, dass Ihre Rolle und Position beim anderen bereits etwas auslöst, und können nicht davon ausgehen, dass diese Empfindungen immer positiv sind. Sie brauchen Gelassenheit und Geduld, um immer wieder die gegenseitigen Rollenerwartungen zu klären: Welche Vorstellungen und Wünsche hat der andere, und welche Vorstellungen und Erwartungen haben Sie in Ihrer Rolle? Im fairen Dialog lassen sich unrealistische Erwartungen, Misstrauen oder Vorbehalte meistens klären. Je weniger Möglichkeiten es gibt, die gegenseitigen Erwartungen im direkten Dialog zu klären, desto wichtiger wird es, sich in der herausgehobenen Position selbst zu erklären und Transparenz zu schaffen über die Beweggründe des eigenen Handelns.

4.2 Anregungen zur persönlichen Entwicklung

Der persönliche Stil im Umgang mit Macht und Einfluss wird stark geprägt von unserem Selbstwertgefühl, von unseren bisherigen Lebenserfahrungen mit Macht und Einfluss und von unseren Einstellungen und Überzeugungen zum Thema Macht und Verantwortung. Wie können wir lernen, angemessen Einfluss zu nehmen und unser Leben aktiv zu gestalten, uns gegenüber Autoritäten und Hierarchen couragiert und souverän zu verhalten und selbst fair und angemessen mit Macht und Verantwortung umzugehen?

Wie bei allen Veränderungsvorhaben, die das eigene Verhalten und die eigene Persönlichkeit betreffen, gibt es auch hier keine objektiven Maßstäbe für Richtig und Falsch. Jeder muss zunächst für sich selbst herausfinden, was er wirklich verändern will. Vielleicht sind Sie zu vorsichtig und wollen lernen, sich zu positionieren und ein Risiko einzugehen. Vielleicht gestalten und bestimmen Sie gern und merken, dass Sie dadurch wichtige Beziehungen gefährden. Dann geht es eher darum, sich auch einmal zurückzunehmen und andere zum Zug kommen zu lassen.

4.2.1 Standort- und Zielbestimmung

Wie beim Thema Motivation empfehlen wir Ihnen auch hier, zunächst wieder eine umfassendere Standort- und Zielbestimmung vorzunehmen. Nach unserer Erfahrung sind dabei vier Aspekte lohnend:

- Welche bisherigen Erfahrungen mit Macht und Einfluss haben mich geprägt?
- Welche Einstellungen und Überzeugungen habe ich zum Thema Macht und Einfluss?
- Wo habe ich Gestaltungsfreiräume – wo bin ich abhängig?
- Auf welche Weise nehme ich Einfluss?

Die erste Perspektive der Standortbestimmung betrifft Ihre **bisherigen Erfahrungen mit Macht und Einfluss.** Besonders prägend sind hier die frühen Erlebnisse mit den Autoritäten, Respektspersonen und Machthabern in der eigenen Lebensgeschichte. Wo konnten Sie lernen, wie man Autorität gewinnt, Einfluss nimmt und sich durchsetzt? Wie sind Eltern, Großeltern, ältere Geschwister, Lehrer und Ärzte, Rechtsanwälte, Polizisten, Ausbilder und Vorgesetzten mit Macht und Verantwortung umgegangen? Was haben sie Ihnen vermittelt? Vielleicht gab es schon früh in Ihrem Leben Autoritäten, die Sie wertschätzend behandelt haben. Oder Sie haben erlebt, wie eine wichtige Bezugsperson beispielhaft mit ihrer Macht umgegangen ist oder sich energisch durchgesetzt hat. Vielleicht steckt Ihnen aber auch noch immer die Erfahrung mit einem unbeherrschten, ungerechten oder verächtlichen Machthaber in den Knochen. Wenn wir hier ausschließlich die männliche Sprachform benutzen, soll das nicht darüber wegtäuschen, dass auch Frauen gemeint sind. Wer hatte zu Hause die Hosen an? In der Nachkriegszeit waren es meist Frauen, die in den Familien das Sagen hatten und die ersten Modelle zum Thema Macht und Einfluss lieferten. Auch heute sind es in der Regel Frauen, die nach Trennungen die Kinder alleinerziehen. Im Kindergarten, in der Vorschule und in den ersten Schuljahren treffen wir ebenfalls meist auf Frauen in Leitungspositionen. Unabhängig davon, wer die Erziehung zu Hause übernimmt, können Kinder alleinerziehender Eltern oft ein Lied davon singen, wie abhängig und ohnmächtig man sich fühlen kann, wenn man es nur mit einem Machthaber zu tun hat und es keine zweite Instanz gibt, die im Konflikt schlichten oder klären helfen könnte. Dasselbe gilt für Lehrer, deren Einfluss man sich als Kind nicht entziehen konnte.

Neben den realen Erfahrungen suchen sich Kinder oft Vorbilder aus Märchen, Geschichten oder Filmen, in Religion und Phantasie. Besonders dann, wenn die eigenen Erfahrungen schwierig sind, treten Robin Hood, Winnetou, Zorro, Frau Holle, Pippi Langstrumpf, Mary Poppins oder heute Figuren wie Dumbledore aus Harry Potter auf den Plan. Ihnen können all die positiven Eigenschaften zugeschrieben werden, die ansonsten vermisst werden. Auch wenn diese Figuren nur in der Vorstellung existieren, prägen Sie unsere Bilder von Autorität und Macht.

Bei der Rückschau auf prägende Vorbilder und Modelle sollten Sie gute wie schlechte Erfahrungen reflektieren. Wenn Sie wissen oder beim Nachdenken merken, dass es in Ihrer Biographie sehr viele oder sehr quälende Erfahrungen mit Ohnmacht, Abhängigkeit oder Entwertung gab, sollten Sie die Beschäftigung mit diesen Fragen individuell gut dosieren. Vielleicht brauchen Sie einen Gesprächspartner oder auch einen professionellen Berater, um die Erinnerungen mit jemandem zu teilen. Vielleicht möchten Sie aber auch erst mal allein nachdenken.

Eng verknüpft mit den bisherigen Erfahrungen mit Macht und Einfluss sind die **Einstellungen und Überzeugungen**, die Sie sich im Lauf

Ihres Lebens zu diesem Thema gebildet haben. Vielleicht halten Sie Macht für männlich oder sexy, oder Sie sind überzeugt davon, dass Macht jeden korrumpiert, der sie für längere Zeit innehat. Vielleicht sind Sie begeistert von Frauen, die Machtpositionen ausfüllen, und gestehen ihnen mehr Handlungsspielräume zu als Männern in derselben Position – oder umgekehrt. Vielleicht sind Sie auch in einer Umgebung aufgewachsen oder gehören einer Berufsgruppe an, in der das Bedürfnis nach Macht tabuisiert ist.

Neben den frühen Erfahrungen und den Normen des Umfeldes sind es natürlich auch einzelne Menschen, die hier und heute unsere Werte und Einstellungen im Umgang mit Macht und Einfluss prägen: Politiker und Personen der Zeitgeschichte, aber auch Führungskräfte, Künstler und Schriftsteller.

Die nächste Perspektive der Standortbestimmung befasst sich mit der Verteilung von Einfluss und Abhängigkeit: **Wo habe ich Gestaltungsfreiräume – wo bin ich abhängig?** Um die ganze Lebenssituation zu erfassen, sollten Sie alle Lebensbereiche berücksichtigen und sich jeweils

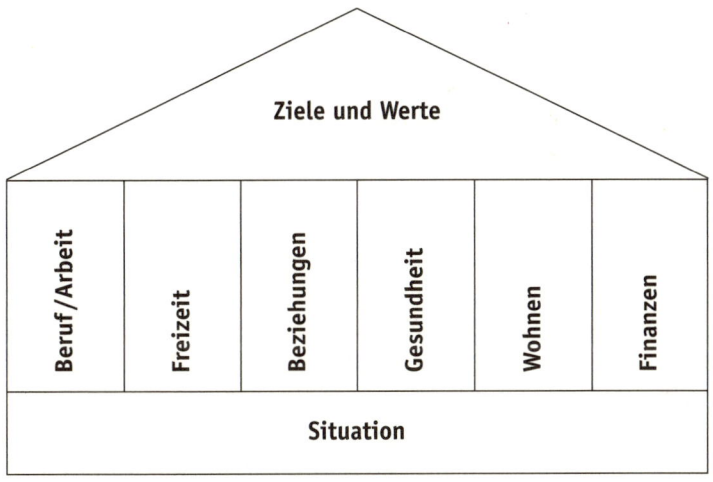

Wo kann ich gestalten – was möchte ich ändern?

fragen: Wer hat mir etwas zu sagen, von wem bekomme ich Direktiven – und wem habe ich etwas zu sagen? Gewinne ich angemessenen Einfluss, wo es mir wichtig ist? Wie gehe ich dort mit Einfluss und Macht um, wo andere von mir abhängig sind? Fühle ich mich als Gestalter meines Lebens – oder eher als Opfer der Verhältnisse –, und ist das eher ein momentanes oder ein dauerhaftes Gefühl? Womit bin ich zufrieden, was möchte ich verändern?

Die vierte Perspektive bei der Standortbestimmung betrifft die Frage: **Wie und wodurch nehme ich Einfluss?** Hierzu sollten Sie sich nicht nur allein Gedanken machen, sondern sich auch Feedback von Freunden und Kollegen holen. Oft sind wir uns gar nicht bewusst, wie, womit und wie stark wir Einfluss nehmen. Vielleicht können Sie mit Ihrer Begeisterung andere mitreißen oder mit Ihrer Freundlichkeit die Stimmung in einer verfahrenen Gruppensituation lösen. Oder Sie merken gar nicht, wie stark Sie das Verhalten Ihres Partners mit Sorgen, Vorwürfen oder auch mit ständigen Hilfsangeboten beeinflussen. Manche Menschen können so entschieden Missmut und Skepsis ausdrücken, dass sie damit ganze Gruppen in der Stimmung und im Arbeitsverhalten beeinflussen. Anderen gelingt das Gegenteil: Sie verbreiten Zuversicht und gute Laune.

In den Übungen 4.3.1 bis 4.3.6 finden Sie detaillierte Anleitungen für die verschiedenen Aspekte der Standortbestimmung. Nach einer gründlichen Standortbestimmung wissen Sie vermutlich schon sehr genau, was Sie ändern oder erreichen möchten. Dann geht es darum, aus den Wünschen Ziele zu machen und zu entscheiden, für welches konkrete Ziel Sie sich wirklich einsetzen wollen.

Unabhängig davon, welche konkreten Ziele Sie für sich gefunden haben, möchten wir Ihnen hier wieder exemplarisch einige Ansatzpunkte zur persönlichen Entwicklung vorstellen. Bei der Suche nach dem passenden Lern- oder Lösungsweg geht es immer um zwei Aspekte: die **inneren Voraussetzungen** für eine Verhaltensänderung zu schaffen und die eigene Position und **Wirkung nach außen** zu verändern.

4.2.2 Verantwortung übernehmen

Wer Einfluss nehmen will, muss zuallererst bereit sein, Verantwortung zu übernehmen: für sich selbst ebenso wie für die Gestaltung von Rollen und Aufgaben.

Selbstverantwortung zu übernehmen bedeutet, die eigenen Entscheidungen und das eigene Verhalten als selbstgewählt und selbstgewollt anzuerkennen und sich nicht als Opfer schwieriger Umstände zu definieren. Die entgegengesetzte Haltung wäre: «Es ist schwierig, aber ich kann nichts dafür. Ich bin unzufrieden, aber ich kann nichts dafür. Ich bin allein, aber ich kann nichts dafür.» Wer lernen will, stärker Selbstverantwortung zu übernehmen, muss sich mit den Kosten auseinandersetzen, die eine Veränderung bedeuten wird. Wenn ich mir eine interessantere Arbeit wünsche, muss ich die anstrengende Suche auf mich nehmen, vielleicht in eine andere Stadt umziehen, mit der unsicheren Probezeit zurechtkommen usw. Wenn mir dieser Preis zu hoch ist, kann ich mich entscheiden, in der bisherigen Firma zu bleiben. Unabhängig vom Ergebnis bedeutet Selbstverantwortung immer: «Ich wähle diesen Zustand, ich habe mich entschieden.» Indem man sich für zuständig erklärt, ist ein wichtiger Schritt getan.

Verantwortung für das eigene Leben zu übernehmen bedeutet auch, sich der aktuellen Realität zu stellen. Das ist in vielen Lebenssituationen schwer. Wer seine Arbeit verloren hat oder nach einem Unfall einsehen muss, dass er nie wieder im alten Arbeitsfeld Fuß fassen kann, wird Zeit brauchen, um sich in dieser neuen Situation zurechtzufinden. Wenn er aber wieder zum Akteur seines Lebens werden will, wird er früher oder später die neue Realität akzeptieren müssen nach dem Motto: «Heute ist der erste Tag vom Rest meines Lebens, und ich werde ihn nutzen.»

Wenn wir Sie immer wieder anregen, auch in die Vergangenheit zu schauen und sich zu fragen, welche Erfahrungen Sie geprägt haben, geschieht das keineswegs, um die Verantwortung loszuwerden oder sagen zu können: «Ja, ich hatte wirklich eine schwierige Kindheit, deshalb kann ich auch nichts dafür, wenn ich jetzt keinen Erfolg habe.» Es geht vielmehr darum, sich besser zu verstehen und daraufhin die Verantwortung zu übernehmen mit der inneren Haltung «Aha, so war es, und so ist es jetzt – dann muss ich sehen, was ich daraus machen kann».

Rollen- und Aufgabenverantwortung übernehmen: Wenn wir in der Lage sind, Selbstverantwortung zu übernehmen, können wir auch klarer mit der Verantwortung umgehen, die mit der Übernahme von Rollen und Aufgaben verbunden ist. Selbstverständlich ist die Übernahme einer Rolle oder einer bestimmten Position nicht gleichbedeutend mit dem Versprechen, die damit verbundenen Erwartungen blind zu erfüllen. Rollen müssen geklärt und ausgehandelt werden, um sie mit persönlichen Überzeugungen und Fähigkeiten in Einklang zu bringen.

Die meisten Menschen haben viele Rollen und Aufgaben zu bewältigen. Wir sind nicht nur Mitarbeiter, Kollegen, Fachexperten oder Führungskräfte, sondern auch Eltern, Ehepartner, Kinder, Patentante

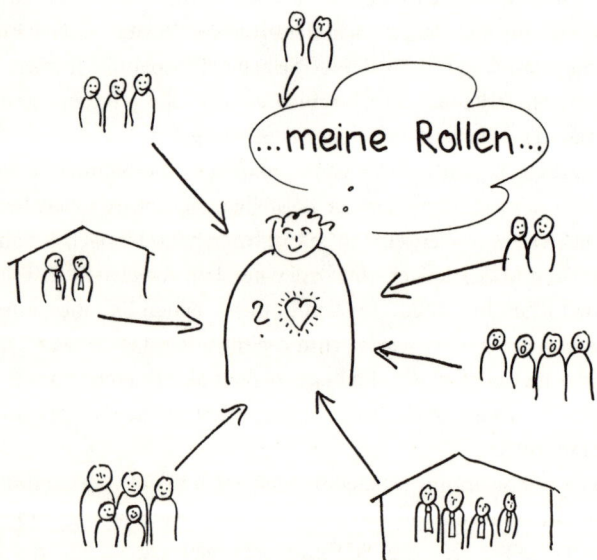

Rollen- und Aufgabenvielfalt

oder Vormund, Vereinsvorsitzender oder Kassenwart, Mitglied im Gemeinderat oder im Chor.

Wenn Sie sich über Ihre Rollen und die damit verbundene Verantwortung klar werden wollen, wäre die erste Frage: Welche Rollen und Aufgaben habe ich in den verschiedenen Lebensbereichen? Welche Erwartungen werden dabei an mich gestellt, und was erwarte ich selbst von mir in diesen Rollen? Wo entstehen Konflikte zwischen den Anforderungen einer Rolle und meinen Wünschen oder Möglichkeiten?

Der nächste Schritt wäre: Welche Rollen und Aufgaben sind mir besonders wichtig? Wofür will ich mich im nächsten halben Jahr besonders einsetzen? Wenn Sie sich dann in einer bestimmten Rolle besonders engagieren und Ihren Einfluss vergrößern wollen, sollten Sie Ihre Ziele konkretisieren und sich überlegen, wie viel Zeit und Energie Sie dafür wirklich aufbringen können und was Sie sich konkret vornehmen wollen.

Wenn Sie in Ihrem Arbeitsumfeld nicht genau wissen, was von Ihnen erwartet wird, und auch selbst keine genaue Vorstellung von Ihren Aufgaben oder Ihrer Rolle haben, sollten Sie die damit verbundenen Erwartungen klären, zum Beispiel mit Ihrem Vorgesetzten: Welche Erwartungen haben Sie genau? Welche Aufgaben gehören im Einzelnen zu meiner Rolle? Was ist mit bestimmten Aufgaben eigentlich konkret gemeint? Welchen Einfluss habe ich? Was kann ich selbst entscheiden, was nicht? Wofür bin ich verantwortlich? Wo hört meine Verantwortung auf?

Wenn Sie merken, dass Sie eine Verantwortung übernehmen sollen, aber nicht mit der dafür notwendigen Handlungsfreiheit oder den passenden Kompetenzen und Ressourcen ausgestattet sind, sollten Sie sich umso intensiver selbst befragen, ob Sie die Rolle oder Aufgabe unter diesen Bedingungen annehmen, zurückweisen oder neu aushandeln und anders gestalten wollen.

4.2.3 Sich zeigen und positionieren

Wer Einfluss nehmen will, muss bereit und in der Lage sein, sich als Person mit eigenen Meinungen, Werten und Interessen zu zeigen, zu positionieren und damit angreifbar zu machen. Dafür braucht man Zivilcourage, also den Mut und die Bereitschaft, sich einzumischen, ohne vor möglichen Folgen zurückzuschrecken.

Wie kann man lernen, sich mehr zu zeigen? Wie lernt man Zivilcourage? In den Kapiteln 2.1 und 2.2 über Persönlichkeit und persönliche Entwicklung haben wir beschrieben, wie schwer es ist, eingeschliffenes Erleben und Verhalten zu verändern. Rationale Erkenntnis und gute Vorsätze allein reichen in der Regel nicht aus. Stattdessen müssen wir Lern- und Übungssituationen schaffen, in denen Gefühl und Verstand gleichermaßen beteiligt sind.

Wir möchten Ihnen ein idealtypisches Vorgehen beschreiben, mit dem Sie eingeschliffene Verhaltensweisen verändern können. Sie sollten allerdings Geduld mit sich haben und einkalkulieren, dass Sie dieses Vorgehen oft wiederholen müssen, um dauerhaft erfolgreich zu sein.

Zunächst geht es darum, eine typische Situation, in der Sie sich zu sehr zurückhalten, bewusster wahrzunehmen. Vielleicht merken Sie, wie Sie einen ersten Impuls, etwas zu sagen, wieder zurücknehmen. Vielleicht fürchten Sie, etwas Falsches zu sagen und sich zu blamieren oder eine Kontroverse auszulösen.

Wenn Sie eine derartige Situation bemerkt haben, brauchen Sie eine kleine Auszeit. Die Pause hilft Ihnen, sich nicht automatisch wie gewohnt zu verhalten. Lehnen Sie sich zurück, trinken Sie einen Kaffee, gehen Sie für einen Moment aus dem Zimmer oder ziehen Sie sich einfach einige Minuten innerlich zurück. Es geht darum, sich einen Moment Zeit für den inneren Dialog zu nehmen und zu begreifen, was gerade los ist: Welche Gedanken und Gefühle hindern mich im Moment, mich zu zeigen oder mich einzumischen? Welche Folgen befürchte ich? Wovor habe ich Angst? Was könnte schlimmstenfalls passieren, wenn ich mich zu Wort melde und aktiv Einfluss nehme? Dann ziehen Sie ein Fazit: Kann und will ich dieses Risiko in Kauf nehmen? Wie will ich jetzt mit dieser Situation umgehen?

Falls es Ihnen gelingt, sich anders zu verhalten als üblich und gleichzeitig bewusst die Gefühle wahrzunehmen, die dem neuen Verhalten im Weg stehen, haben Sie einen großen Schritt getan. Wenn Sie diesen Selbst-Dialog in verschiedenen Situationen wiederholen, werden Sie merken, dass es mit der Zeit leichter wird, die Schwelle zum Aktiv-Werden zu überwinden.

Diese **Methode des Innehaltens** und die Fragen zum Selbst-Dialog lassen sich auf jedes Vorhaben übertragen. Wenn man es nicht bei guten Vorsätzen belässt, sondern sich in der konkreten kritischen Situation mit den eigenen Gefühlen auseinandersetzt und neues Verhalten erprobt, geschieht persönliche Entwicklung.

4.2.4 Souverän mit Macht und Autorität umgehen

Wer Einfluss gewinnen will, muss in der Lage sein, mächtigen Menschen und Autoritätspersonen angstfrei zu begegnen. Wie kann man im Umgang mit Autorität und Macht souveräner werden? Wir unterscheiden drei Ansatzpunkte:
- dem Abhängigkeitsgefühl auf den Grund gehen,
- sich auf die eigenen Stärken und Wertmaßstäbe besinnen,
- trennen, was nicht zusammengehört.

Dem Abhängigkeitsgefühl auf den Grund gehen

Ein gewisses Maß an Unsicherheit ergibt sich aus der realen Abhängigkeit gegenüber mächtigen Personen. Wer abhängig ist, kann etwas verlieren, ist unfrei und hat dadurch eine schwächere Position. Die eigene Abhängigkeit ist aber nicht Naturgesetz, sondern an persönliche Bedürfnisse und Befürchtungen geknüpft.

Abhängigkeit besteht im Kern aus der Angst vor einem möglichen Nachteil. Wir fühlen uns abhängig vom Lebenspartner, weil wir uns ein Leben ohne ihn nicht vorstellen können. Wir fühlen uns abhängig von einem bestimmten Einkommen, weil wir unseren Lebensstandard nicht einschränken wollen. Wir fühlen uns abhängig von einer bestimmten Position, weil wir die damit verbundenen Privilegien nicht missen möchten. Fast jeder Mensch hat aber schon die Erfahrung gemacht: Wenn man ungewollt verliert, was man niemals verlieren wollte, geht das Leben trotzdem weiter – und manchmal nicht einmal schlechter als vorher. Man lernt, mit den Gegebenheiten zurechtzukommen, entdeckt sogar gute Seiten darin, oder es ergeben sich neue Möglichkeiten. Diese Lebenserfahrung können Sie nutzen, wenn Sie sich durch ein aktuelles Gefühl von Abhängigkeit beeinträchtigt fühlen. Sie können Ihr Abhängigkeitsgefühl in den Griff bekommen, wenn Sie der Angst auf den Grund gehen und sich fragen: Wovor habe ich eigentlich Angst? Was könnte ich verlieren? Was könnte mir schlimmstenfalls passieren, wenn ich mich verhalte, als wäre ich nicht abhängig? Manchmal hilft schon diese kleine Reflexion, um das Gefühl von Abhängigkeit zu relativieren: Wenn man sich den schlimmsten Fall ausmalt, der eintreten könnte, stellt man meistens fest, dass er so schlimm auch wieder nicht ist. Wenn das noch nicht reicht, sollten Sie sich Ihre Stärken und Ressourcen bewusst machen, mit denen Sie ähnlich schwierige Situationen bisher in Ihrem Leben gelöst haben und die Ihnen heute zur Verfügung stehen.

Sich auf die eigenen Stärken und Wertmaßstäbe besinnen

Wenn wir uns mit Prominenten oder mächtigen und einflussreichen Persönlichkeiten vergleichen, brauchen wir angemessene Maßstäbe. Wer hier die gesellschaftlichen Klischees von Erfolg anlegt, fühlt sich schnell unterlegen: Der andere ist natürlich immer bekannter, begehrter, klüger, schöner, reicher oder einflussreicher.

Es gibt vielleicht andere Kriterien, um sich zu vergleichen, zum Beispiel, wie ehrlich, zuverlässig, hilfsbereit, geschickt oder humorvoll jemand ist. Wer für einen Vergleich aber ausgerechnet die Kriterien heranzieht, für die eine mächtige oder prominente Person bekannt ist, hat selbst schlechte Karten. Der Schauspieler sieht einfach besser aus, der Politiker ist einflussreicher, der Wissenschaftler klüger und der Firmenchef reicher. Das sind Vorzüge und Überlegenheiten, die man anerkennen kann. Aber wenn Sie sich deswegen selbst klein, hilflos, schwach oder unterlegen fühlen, messen Sie sich vermutlich mit unsinnigen Maßstäben und verlieren gleichzeitig die eigenen Vorzüge und Erfolge aus den Augen.

Was kann man tun, wenn man einem «großen Tier» gegenübersitzt und sich selbst befangen, hilflos und klein fühlt? Als Schulkinder haben wir uns die strengsten Lehrer in Unterhose vorgestellt. Das hat geholfen, sie innerlich wieder auf Normalmaß schrumpfen zu lassen und hinter der Rolle, dem Amt und der Macht auch den ganz normalen Menschen zu sehen. Außerdem hat es Spaß gemacht. Für die eigene Entwicklung empfehlen wir allerdings eher, die Selbstentwertung aufzugeben und sich die eigenen Wertmaßstäbe wieder bewusst zu machen, an denen man sich im Leben sonst orientiert: Was ist mir wichtig, und woran messe ich meinen Wert und mein Verhalten? Was sind meine wesentlichen Stärken und Qualitäten, auf die ich stolz sein kann?

Trennen, was nicht zusammengehört

Manchmal verknüpft sich das aktuelle Erleben mit einer alten Erfahrung im Umgang mit Hierarchie und Macht. Was können Sie tun, wenn Sie sich gegenüber einer mächtigen Person so fühlen, als würden Sie Ihrem Vater, der Lateinlehrerin oder dem strengen Pfarrer aus der Kinderzeit gegenüberstehen? Wenn Ihnen die sonst selbstverständlichen

Stärken und Kompetenzen wegfließen? Oder wenn Sie merken, dass Sie mit unangemessenen Gefühlen reagieren, die Außenstehende kaum noch nachvollziehen können? Dann geht es darum, zu trennen, was nicht zusammengehört. Der Vorgesetzte guckt vielleicht genauso streng wie früher der Pfarrer, aber es gibt ansonsten jede Menge Unterschiede. Sie sind nicht mehr zwölf Jahre alt, und Ihre Chefin hat auch viele andere Eigenschaften als die Lehrerin. Wenn Sie bemerken, dass Sie mit übermäßigem Respekt oder unangemessen heftigen Gefühlen von Ärger und Verachtung auf eine Autoritätsperson reagieren, sollten Sie sich fragen: Woran erinnern mich diese Situation und diese Person? Wie war es damals genau? Worum ging es, und wie habe ich mich gefühlt?

Wenn Sie dann die strukturellen Ähnlichkeiten gefunden haben, sollten Sie prüfen, was heute anders ist als damals. Worin unterscheidet sich Ihr Gegenüber von der erinnerten Person? Was erleben Sie anders, und welche Verhaltensmöglichkeiten haben Sie heute im Unterschied zu damals?

4.2.5 Kontakte pflegen und Netzwerke aufbauen

Die meisten einflussreichen Menschen pflegen gute Kontakte und Netzwerke. Wer gute Verbindungen zu anderen hat, steht in entscheidenden Momenten nicht allein im Regen, sondern kann sich auf Solidarität, Rückhalt und Hilfe anderer verlassen.

Menschen mit starken Bedürfnissen nach Kontakt pflegen kollegiale Beziehungen schon deshalb, weil es ihnen Spaß macht. Wenn Sie eher introvertiert sind oder gelernt haben, alles allein zu machen, müssen Sie Ihre kollegialen Beziehungen und Netzwerke vielleicht bewusster gestalten und pflegen.

Netzwerke sind funktionalisierte Beziehungen: Es geht nicht nur um die Beziehung selbst, sondern primär um den erhofften Nutzen. Eine

Freundschaft würde darunter leiden oder in die Brüche gehen, wenn deutlich würde, dass sie vor allem wegen irgendwelcher Vorteile gepflegt wird. Im Arbeitsleben ist das etwas anders. Arbeitsbeziehungen haben von vornherein eine Funktion. Allen Beteiligten ist klar, dass man sich trifft, weil das jetzt oder später für alle von Vorteil ist. Es gibt einen schmalen Grad zwischen Netzwerken und Seilschaften. Wenn sich Kollegen auch dann gegenseitig begünstigen, wenn es für eine konkrete Aufgabenstellung andere und bessere Lösungen gegeben hätte, spricht man von Seilschaften. Anders ausgedrückt: Netzwerke werden zu Seilschaften, wenn die Loyalität untereinander größer ist als die Loyalität zum Unternehmen insgesamt.

Was können Sie tun, wenn Sie erkannt haben, dass Sie Ihre Kontakte besser pflegen und Netzwerke aufbauen wollen? Die meisten Menschen, die hier Entwicklungsbedarf haben, müssen zunächst mit ihren inneren Einstellungen und Überzeugungen aufräumen, die ihnen verbieten, auf andere zuzugehen, Hilfe anzubieten, um Hilfe zu fragen und sich mit ihren Interessen und Zielen zu zeigen.

Besonders hinderlich sind Überzeugungen wie:
* Ich muss alles alleine machen.
* Es ist peinlich, um Hilfe zu bitten.
* Ich bin nicht interessant oder kompetent genug.
* Die haben sicher schon genug Kontakte.

Für diese innere Arbeit können Sie den Selbst-Dialog zum Überwinden von hinderlichen Überzeugungen nutzen, den wir in Kapitel 3.2 und in der Übung 3.3.9 ausführlich beschrieben haben. Wenn Sie konkrete Situationen bemerken, in denen Sie Kontakt- und Vernetzungsmöglichkeiten nicht nutzen und sich mit Ihren Zielen und Interessen nicht zeigen, empfehlen wir Ihnen die Methode des Innehaltens, die wir oben beim Thema «Sich zeigen und positionieren» beschrieben haben. Die Fragen zum Selbst-Dialog wären dann: Welche Gedanken und Gefühle hindern mich im Moment, Kontakt aufzunehmen …, meine Kompetenz zu zeigen …, um Unterstützung zu bitten? Welche

Folgen befürchte ich? Wovor habe ich Angst? Was könnte schlimmstenfalls passieren, wenn ich Kontakt aufnehme, mich präsentiere oder mir Unterstützung hole?

Neben der «inneren Arbeit» geht es aber auch darum, Ideen zu sammeln, wie Sie sich in Ihrer Situation und für Ihr Ziel besser vernetzen können. Am besten treffen Sie sich mit zwei bis drei Freunden und Kollegen, die sich in Ihrem Themenfeld auskennen, und bitten um ein gemeinsames Brainstorming. Gute Umschlagplätze für Kontakte und Netzwerke sind in der Regel Tagungen und Fachkongresse von Vereinen und Verbänden. Wer sich mit der Kontaktaufnahme auf solchen anonymen Veranstaltungen schwertut, sollte eher eine mittelfristige Weiterbildung besuchen, bei der die Beziehungen langsam wachsen können.

4.2.6 Kompetenz aufbauen und zeigen

Der eigene Einfluss wächst automatisch, wenn man in einem Aufgabenfeld kompetent ist und als Experte geschätzt wird. Spezialisten sind schwer ersetzbar, manchmal auch unentbehrlich. Hier geht es also um die Fragen: Worin will ich wirklich besonders gut sein? Was will ich wirklich besser können als andere? Womit und wie könnte ich mich fachlich unentbehrlich machen? Wie kann ich das lernen? Wie schaffe ich mir die Lernfelder? Wo müsste ich aktiv zugreifen und Aufgaben übernehmen, bei denen ich meine Kompetenz aufbauen kann?

Der Einfluss durch Kompetenz wird erst wirksam, wenn wir die eigenen Fähigkeiten auch zeigen und bekannt machen. Erfolgreiche Menschen beherrschen in der Regel die Kunst, sich selbst oder ihre Leistungen auch gebührend in Szene zu setzen. Wer eher schüchtern und bescheiden ist, sollte also überlegen, wie er sich und seine Leistung besser darstellen und gezielter «verkaufen» kann. Tipps und Kniffe für ein gezieltes Selbstmarketing findet man in vielen Ratgebern, und oft gibt es im Freundes- oder Bekanntenkreis auch jemand, der einen anregen und beraten kann. Das größere Problem besteht meist darin, die eigenen Werte und Überzeugungen zu überwinden. Hemmende innere Sätze sind zum Beispiel:

- Wer sich selbst darstellen muss, hat es wohl nötig.
- Es ist peinlich, sich anpreisen zu müssen.
- Die Leute müssten schon selber sehen, was ich leiste.

Wenn Sie bei Ihrer Standortbestimmung auf Einstellungen und Überzeugungen gestoßen sind, die Sie immer wieder hindern, Ihre Kompetenz zu zeigen, nutzen Sie die Übung 3.3.9 «Hinderliche Einstellungen ändern».

4.2.7 Einfluss abgeben

Manchmal geht es auch darum, gelassener zu werden und weniger Einfluss zu nehmen. Wer immer und überall bestimmt und lenkt, wer selbst kleinste Störungen beseitigen muss, wer sich zu früh und zu oft einmischt und dabei andere Menschen kontrolliert und korrigiert, macht sich und anderen das Leben schwer. Man könnte meinen, dass es einfach sei, weniger Einfluss auszuüben. Schließlich braucht man sich nur etwas zurückzuhalten und die Hände in den Schoß zu legen. Leider ist es nicht so einfach. Dominanz abzubauen und Steuerungsimpulse zurückzunehmen fällt oft mindestens so schwer, wie mutiger und zupackender zu werden. Übertriebene Einflussnahme hat Gründe, und wenn man ihnen nicht auf die Spur kommt, wird man sich nicht verändern können. Wir unterscheiden dabei zwei wesentliche Motive: das Bedürfnis nach Sicherheit und das Bedürfnis nach Dominanz und Höherstellung.

Manche Menschen können nicht loslassen, weil ihnen die Zuversicht fehlt, dass die Dinge sich schon gut entwickeln werden. Sie sind auf der Hut und wollen so viel wie möglich im Griff behalten. Ihr Lebensmotto lautet: «Vertrauen ist gut, aber Kontrolle ist besser.» Darin kann sich ein hohes **Sicherheitsbedürfnis** und dahinter liegend manchmal auch ein mangelndes Grundvertrauen ausdrücken (vgl. Kap. 2.2).

Das zweite Motiv für übertriebene Einflussnahme ist ein starkes **Bedürfnis nach Dominanz und Höherstellung**, oft gepaart mit einem ungestillten Bedürfnis nach Anerkennung. Hier geht es nicht darum, einen ungünstigen Verlauf zu vermeiden, sondern darum, sich eine Position zu sichern.

Wie kann man lernen loszulassen? Wie kann man ein zu großes Macht- und Dominanzstreben in den Griff bekommen? Zuversicht und Grundvertrauen kann man nicht einfach beschließen. Es nützt nichts, sich einzureden, alles werde gut ausgehen, wenn man eigentlich vom Gegenteil überzeugt ist. Auch das Bedürfnis nach Anerkennung und Höherstellung lässt sich nicht wegdiskutieren. Wer lernen will, Einfluss abzugeben, braucht Geduld und Nachsicht mit sich selbst, weil hier nicht nur vordergründiges Verhalten, sondern tiefer liegende Aspekte der Persönlichkeit berührt sind.

Sie können auch hier die Methode des Innehaltens in einer typischen Situation nutzen: Im ersten Schritt geht es darum, Situationen zu registrieren, in denen der innere Motor überflüssigerweise anspringt. Vielleicht bemerken Sie die eigene Aktivität, Unruhe oder Enge, eine Hab-Acht-Stellung oder Unsicherheit. Vielleicht erkennen Sie die Situation auch an den Reaktionen von anderen, denen Ihre Dominanz zu viel wird. Die meisten Menschen fühlen sich von übertriebener oder andauernder Einflussnahme kontrolliert und bedrängt. Manche verlieren dann die Lust am Kontakt und ziehen sich zurück, andere ärgern sich und beginnen zu kämpfen.

Wenn Sie eine derartige Situation bemerken, gestatten Sie sich innerlich eine kleine Auszeit für den inneren Dialog: Was treibt mich gerade an? Was will ich gerade erreichen? Wozu brauche ich das? Was würde eigentlich geschehen, wenn ich jetzt abwarte und erst mal nichts tue? Wer würde dann aktiv? Was könnte schlimmstenfalls passieren, wenn ich mich zurückhalte und anderen die Initiative überlasse? Was würde ich gewinnen – was würde ich verlieren?

Dann ziehen Sie ein Fazit: Kann und will ich dieses Risiko in Kauf nehmen? Wie will ich mich jetzt in dieser Situation verhalten?

Ob es gelingt, eine neue Einstellung oder ein neues Verhalten längerfristig in den Alltag zu integrieren und weiterzuentwickeln, hängt von vier Kriterien ab: von der emotionalen Aufladung des Ziels, von einer zuversichtlichen Grundstimmung, von regelmäßiger Wiederholung und von regelmäßigen Zwischenbilanzen. Wie Sie hier erfolgreich sein können, haben wir bereits ausführlich im Kapitel 3.2.7 «Dranbleiben» beschrieben.

4.3 Übungen zum Selbstcoaching

Mit den folgenden Übungen können Sie das Thema «Einfluss nehmen» für sich persönlich konkretisieren und vertiefen. Vielleicht haben Sie schon beim Lesen des Kapitels Ideen bekommen, welchen Aspekt Sie gern für sich vertiefen möchten. Dann können Sie anhand der Überschriften und Kurzbeschreibungen entscheiden, welche Übung Sie nutzen wollen.

Die Übungen im Überblick

Übung 4.3.1   Prägende Erfahrungen im Umgang mit Macht und Einfluss

Übung 4.3.2   Vorbilder und Modelle im Umgang mit Macht und Einfluss

Übung 4.3.3   Standortbestimmung: Einfluss und Abhängigkeit

Übung 4.3.4   Standortbestimmung: Wie nehme ich Einfluss?

Übung 4.3.5   Meine Werte und Einstellungen zu Macht und Einfluss

Übung 4.3.6   Feedback zu Macht und Einfluss

Übung 4.3.7   Kompetenz zeigen

Übung 4.3.8   Fremde Interessen berücksichtigen

Übung 4.3.1 Prägende Erfahrungen im Umgang mit Macht und Einfluss

Einzelübung: In dieser Übung können Sie sich bewusst machen, welche Modelle im Umgang mit Macht und Einfluss im Laufe Ihres Lebens für Sie wichtig waren und Sie geprägt haben.

1. Gehen Sie in Gedanken durch die unterschiedlichen Lebensabschnitte und schreiben Sie sich auf, welche Menschen, die Sie als mächtig und einflussreich erinnern, für Sie wichtig waren:
- Welche Menschen habe ich als mächtig erlebt?
  In der Kindheit, im Elternhaus, in der Nachbarschaft und Verwandtschaft, im Kindergarten und in der Vorschule …
  In der Jugend, in der Schulzeit, in Vereinen und Jugendgruppen …
  In der Ausbildung, in Lehre und Studium, vielleicht auch in der Ausbildung bei der Bundeswehr …
  Im Beruf, bei Projekten oder in Weiterbildungen …

2. Dann entscheiden Sie sich zunächst für eine Person, über die Sie genauer nachdenken:
- Wodurch war diese Person mächtig? Wodurch war sie für mich Autorität? Wie war ihre Ausstrahlung? Welche Atmosphäre hat sie verbreitet?
- Was habe ich von dieser Person gelernt? Was habe ich übernommen (Verhaltensweisen, Werte und Haltungen …). Woran orientiere ich mich bis heute? Wovon grenze ich mich ab? Was löst bis heute Widerstand in mir aus?

3. Dann stellen Sie sich diese Fragen für alle weiteren Vorbilder und Modelle, die Sie gefunden haben bzw. die Sie genauer untersuchen möchten.

  Im Dialog: Erzählen Sie Ihrem Übungspartner von Ihren Modellen im Umgang mit Macht und Einfluss und welche Verhaltensweisen und Werte Sie von ihnen übernommen haben oder wovon Sie sich abgrenzen. Danach tauschen Sie die Rollen.

Übung 4.3.2 Vorbilder und Modelle im Umgang mit Macht und Einfluss

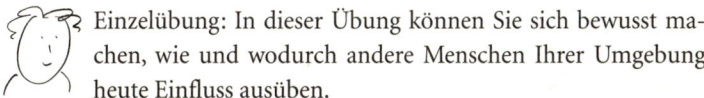 Einzelübung: In dieser Übung können Sie sich bewusst machen, wie und wodurch andere Menschen Ihrer Umgebung heute Einfluss ausüben.

Wählen Sie aus Ihrem privaten Bekanntenkreis sowie aus Ihrem beruflichen Umfeld jeweils fünf für Sie bedeutsame Personen aus. Dann überlegen Sie für jede Person:

- Wie nimmt sie Einfluss?
- Womit und wie setzt sie sich durch?
- Folgt man ihren Wünschen, Vorschlägen oder Anweisungen gern? Wenn ja, wie schafft sie das?
- Was kann ich von dieser Person lernen?
- Was möchte ich anders machen?

 Im Dialog: Erzählen Sie Ihrem Übungspartner, was Sie von welchem Modell lernen oder übernehmen möchten. Dann überlegen Sie gemeinsam, bei welcher nächsten Gelegenheit Sie das neue Verhalten ausprobieren könnten. Danach tauschen Sie die Rollen.

Übung 4.3.3 Standortbestimmung: Einfluss und Abhängigkeit

 Einzelübung: Mit dieser Übung können Sie sich bewusst machen, wo Sie Einfluss nehmen und gestalten können und wo Sie von anderen abhängig sind.

1. Gehen Sie gedanklich durch die verschiedenen Lebensbereiche:
Arbeit und Leistung,
Freizeit,
Gesundheit,
Kontakte und Beziehungen,
Finanzen,
Wohnen,
und beantworten Sie für jeden Bereich folgende Fragen:

- Wo und wem gegenüber gebe ich Anweisungen / Direktiven? Wer ist von mir abhängig? Wer braucht meine Hilfe oder Unterstützung?
- Wer legt besonderen Wert auf meine Meinung? Wodurch genieße ich Ansehen als Autorität (fachlich, menschlich)?
- Wo und von wem bin ich abhängig? Von wem bekomme ich Anweisungen / Direktiven? Wessen Hilfe oder Unterstützung brauche ich?
- Auf wessen Meinung lege ich besonderen Wert? Wer ist für mich menschlich oder fachlich Autorität?

2. Wenn Sie sich einen Überblick verschaffen wollen, können Sie das Ergebnis auf einem großen Blatt Papier darstellen. Schreiben Sie zunächst Ihren Namen in die Mitte und malen Sie um ihn einen kleinen Kreis oder ein Rechteck. Anschließend schreiben Sie die Namen der Personen, die Ihnen nahestehen und mit denen Sie viel zu tun haben, in die Nähe. Die Namen derjenigen, mit denen Sie wenig zu tun haben, schreiben Sie mit mehr Abstand zu Ihnen auf. Dann verbinden Sie Ihren Namen mit denen der übrigen Personen und kennzeichnen durch eine Pfeilspitze,

wer auf wen Einfluss ausübt. Sie können die Stärke des Einflusses dadurch ausdrücken, wie dick Sie den Pfeil malen. Anschließend verbinden Sie noch die übrigen Personen miteinander, soweit Sie den Eindruck haben, dass sie sich kennen und aufeinander Einfluss ausüben. Markieren Sie auch hier die Einflussrichtung.

Zum Abschluss überlegen Sie sich, was Sie an diesem Bild bzw. dieser Situation gerne ändern würden.

 Im Dialog: Erklären Sie Ihrem Übungspartner Ihr Bild und was Sie daran gerne ändern würden. Dann überlegen Sie gemeinsam, was Sie für diese Änderung konkret tun oder lassen müssten. Danach tauschen Sie die Rollen.

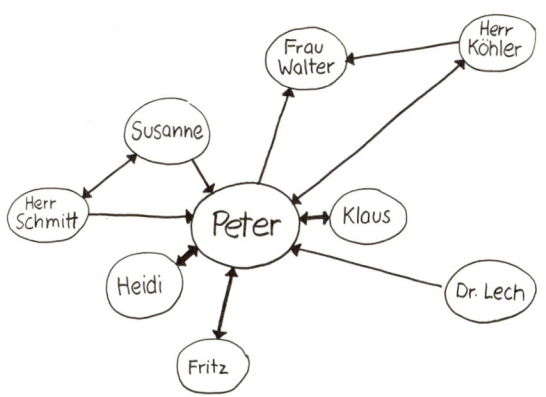

Wo nehme ich Einfluss, wo bin ich abhängig?

Übung 4.3.4 Standortbestimmung: Wie nehme ich Einfluss?

Einzelübung: Im nächsten Schritt geht es darum herauszufinden, wodurch und wie Sie Einfluss nehmen, zum Beispiel durch Fachkompetenz, bestimmte soziale Fähigkeiten oder qua Amt, direkt oder indirekt.

1. Gehen Sie wieder gedanklich durch die Lebensbereiche:

Arbeit und Leistung,

Freizeit,

Gesundheit,

Kontakte und Beziehungen,

Finanzen,

Wohnen,

und beantworten Sie für jeden Bereich folgende Fragen:

- Auf welche Weise nehme ich Einfluss? Wie schaffe ich es konkret, Einfluss zu nehmen – im Guten wie im Schlechten?
- Was würden meine besten Freunde sagen, wie ich Einfluss nehme, wodurch ich mächtig bin oder wodurch ich als Autorität erlebt werde?

2. Dann ziehen Sie ein Fazit aus Übung 4.3.3 und 4.3.4, indem Sie sich fragen:

- Gewinne ich dort angemessen Einfluss, wo es mir wichtig ist?
- Wie gehe ich dort mit Einfluss und Macht um, wo andere von mir abhängig sind?
- Fühle ich mich als Gestalter meines Lebens – oder eher als Opfer der Verhältnisse –, und ist das eher ein momentanes oder ein dauerhaftes Gefühl?
- Womit bin ich zufrieden, was möchte ich verändern?
- Wo müsste ich ansetzen?

 Im Dialog: Überlegen Sie mit Ihrem Übungspartner, was Sie konkret anders machen und wie Sie sich auf dem Weg zu dieser Veränderung motivieren können. Danach tauschen Sie die Rollen.

Übung 4.3.5 Meine Werte und Einstellungen zu Macht und Einfluss

 Einzelübung: Mit dieser Übung können Sie sich Ihre Werte, Einstellungen und Überzeugungen zum Thema Macht und Einfluss bewusst machen.

Vervollständigen Sie zunächst die folgenden angefangenen Sätze:

- Wer Macht hat …
- Macht ist meistens …
- Macht bewirkt …
- Macht endet …
- Macht kostet …
- Macht nützt …
- Ohne Macht …

Dann überlegen Sie sich:

- Welche Werte und Normen im Umgang mit Macht und Einfluss finde ich wichtig?
- Welche Spielregeln sollten im Umgang mit Macht und Einfluss eingehalten werden?

  Im Dialog: Erzählen Sie Ihrem Übungspartner von Ihren Werten und Einstellungen zu Macht und Einfluss und schildern Sie Beispiele aus Ihrem Alltag, an denen diese Werte oder auch die Missachtung dieser Werte sichtbar werden. Danach tauschen Sie die Rollen.

Wenn Sie auf eine hinderliche Einstellung treffen, die Sie gerne auflösen wollen, empfehlen wir Ihnen die Übung 3.3.9 «Hinderliche Einstellungen ändern».

Übung 4.3.6 Feedback zu Macht und Einfluss

Einzelübung: Mit dieser Übung können Sie Ihre Selbstein-schätzung zu Ihrem Umgang mit Macht und Einfluss über-prüfen und Anregungen zur Entwicklung bekommen. Feed-back ist nur hilfreich, wenn es zugleich aufrichtig und wohlwollend formuliert wird. Außerdem sollte es so konkret sein, dass Sie auch ver-stehen können, was gemeint ist. Bevor Sie andere um ein Feedback bitten, sollten Sie sich deshalb überlegen, wie Sie sich in dieser Frage selbst einschätzen, was Sie genauer wissen wollen und wem Sie aus-reichend Vertrauen entgegenbringen, um über diese Frage offen zu reden:

- Wie sehe ich mich selbst im Umgang mit Einfluss und Macht? Was sind meine Stärken und Ressourcen, wo sind meine Schwächen und Defizite, «Macken und Meisen»?
- Welche Frage interessiert mich besonders?
- Wer aus meiner Umgebung könnte etwas zu diesem Thema sagen?
- Zu wem habe ich ausreichend Vertrauen, um darüber offen zu reden?

Wenn Ihnen hierzu keine geeignete Person einfällt, die Sie um Feed-back bitten möchten, lassen Sie diese Übung lieber aus, als sich an je-manden zu wenden, dem Sie nicht ausreichend vertrauen.

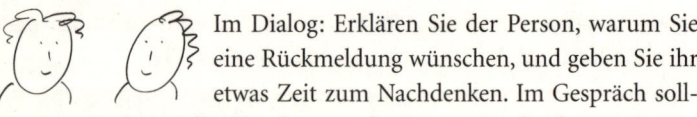

Im Dialog: Erklären Sie der Person, warum Sie eine Rückmeldung wünschen, und geben Sie ihr etwas Zeit zum Nachdenken. Im Gespräch soll-ten Sie mit Ihrer Selbsteinschätzung beginnen. Die konkreten Fragen an den anderen könnten dann zum Beispiel sein:

- Wie erlebst du mich im Umgang mit Macht und Einfluss? Was sind aus deiner Sicht meine Stärken, und was müsste ich dazuler-nen oder entwickeln? Was passt zu meiner Selbsteinschätzung – wo siehst du mich anders?
- Welche Ideen hast du davon, wie ich mich weiterentwickeln

könnte? Was müsste ich konkret anders machen? Woran würdest du merken, dass ich auf dem Weg bin, es zu lernen?
- Wie könnte ich meine Stärken und Kompetenzen besser zeigen?

Wenn Sie die Rückmeldung bekommen, sollten Sie ruhig zuhören. Versuchen Sie nicht, sich zu rechtfertigen oder die Sichtweise Ihres Partners zu korrigieren. Es geht nicht um Wahrheit, sondern nur um die subjektive Sicht dieser Person. Wenn Sie nicht genau verstehen, was der andere meint, fragen Sie jeweils nach, was Sie konkret anders oder besser machen könnten.

Schließen Sie das Gespräch mit einem Fazit ab, welche Aspekte neu und interessant für Sie waren. In jedem Fall sollten Sie die Bereitschaft Ihres Gesprächspartners anerkennen, Ihnen ein offenes Feedback zu geben.

Übung 4.3.7 Kompetenz zeigen

Einzelübung: In dieser Übung geht es darum, das eigene «Selbstmarketing» zu verbessern. Wählen Sie dazu ein Thema oder einen Lebensbereich, in dem Sie lernen wollen, Ihre Kompetenzen besser zu zeigen. Als Erstes machen Sie sich Ihre Stärken und Ressourcen bewusst:
- Was sind meine wesentlichen Stärken in diesem Bereich? Worauf kann ich stolz sein? Auf welche Ressourcen kann ich zurückgreifen?
- Worin bin ich Experte? Wo könnte ich Experte sein oder werden?

Dann wählen Sie zunächst eine einzelne Stärke aus, mit der Sie beginnen:
- Mit welcher Fähigkeit möchte ich in diesem Umfeld sichtbarer werden?
- Worin möchte ich als Experte gesehen werden?

- Womit möchte ich unentbehrlich werden?

Dann überprüfen Sie:
- Wer weiß von dieser Fähigkeit? Wer schätzt mich richtig ein?
- Wer weiß nichts davon, oder wer unterschätzt mich?
- Wodurch kommen diese Personen zu ihrer Einschätzung? Wie habe ich mich ihnen mit dieser Fähigkeit bisher gezeigt? Wann zuletzt?

Überlegen Sie zum Schluss, wie und bei welcher Gelegenheit Sie diese Fähigkeit zukünftig zum Ausdruck bringen wollen.

 Im Dialog: Überlegen Sie mit Ihrem Übungspartner kleine konkrete Schritte, wie Sie sich mit dieser Fähigkeit stärker zeigen können. Danach tauschen Sie die Rollen.

Übung 4.3.8 Fremde Interessen berücksichtigen

Einzelübung: Diese Übung soll Ihnen in einem konkreten Veränderungsvorhaben helfen, nicht unbedacht Widerstände zu erzeugen, indem Sie die Interessen anderer Menschen brüskieren. Stellen Sie sich vor, Ihr Ziel ist erreicht und alles ist so umgesetzt, wie Sie es sich wünschen. Was ändert sich dadurch konkret für andere Menschen?
- Wer ist durch mein Vorhaben in welcher Weise betroffen?
- Wer gewinnt etwas? Wer verliert etwas? Wer freut sich? Wer ärgert sich?
- Mit welchen inneren und äußeren Reaktionen dieser Menschen muss ich rechnen?
- Wen könnte ich als Verbündeten gewinnen? Wer könnte sich mir entgegenstellen?

Dann ziehen Sie ein Fazit: Mit wem sollte ich im Vorfeld sprechen, um Unterstützung zu gewinnen, um unnötige Widerstände zu vermeiden?

 Im Dialog: Stellen Sie Ihrem Übungspartner das konkrete Projekt, den Einfluss auf die beteiligten Menschen und Ihre Überlegungen dazu vor. Der andere hört zu, fragt nach und gibt eventuell eigene Anregungen.

5. Mit Konflikten umgehen

5.1 Hintergrundwissen

Eng verwandt mit der Fähigkeit, angemessen Einfluss zu nehmen, ist unsere Fähigkeit, mit Konflikten umzugehen.

Das Wort «Konflikt» kommt vom lateinischen «confligere» (zusammenstoßen, aufeinanderprallen) und wird umgangssprachlich etwas inflationär benutzt. Nicht jede Meinungsverschiedenheit, jede Unterschiedlichkeit oder unterschiedliche Wahrnehmung ist gleich ein Konflikt. Ehepartner oder Kollegen können zwei konkurrierenden Parteien angehören, ohne deswegen einen Konflikt zu haben. Hund und Katze müssen sich nicht zwingend bekämpfen – es gibt genug Beispiele, wo sie sich sogar ganz gut verstehen.

Wir sprechen erst dann von einem Konflikt, wenn neben der **sachlichen Differenz** auch die Beziehungsebene betroffen ist und **heftige Störgefühle** entstehen. Wenn also die Ehepartner, die zwei konkurrierenden Parteien angehören, sich ärgern, verletzt oder empört sind oder sich gar bedroht fühlen, weil der andere in seinem Handeln von den eigenen Vorstellungen abweicht.

Überall dort, wo Menschen mit unterschiedlichen Meinungen und Interessen aufeinandertreffen, wo sie Veränderungen bewältigen oder kooperieren müssen, entstehen auch Konflikte. Sie gehören zum Leben und damit zum Berufsalltag wie das Salz in der Suppe. Stark im Beruf und erfolgreich im Leben sind wir dann, wenn es uns gelingt, den Sinn von Konflikten zu verstehen und uns in unserer jeweiligen Rolle klärungs- und entwicklungsfördernd zu verhalten.

5.1.1 Konfliktentstehung

Die meisten Konflikte haben eine Vorgeschichte und bahnen sich langsam an. In einer intakten und ungestörten Beziehung sieht man leicht über kleine Störungen hinweg und denkt: «Ich weiß, dass er es nicht so meint …, wahrscheinlich war es ein Versehen …, das hätte mir genauso passieren können …» Konflikte entstehen erst bei besonders krassen Differenzen, die sich wie ein emotionaler Riss anfühlen, oder bei Störungen, die sich stetig wiederholen. Wenn der Kollege mich einmal im Stich lässt, ist es nicht so schlimm. Wenn er seine Zusagen wiederholt nicht einhält, wächst allmählich ein Konflikt heran.

Natürlich lassen sich Schwierigkeiten am leichtesten klären, solange die emotionale Verstrickung noch gering ist. Dann sind die Beteiligten aber oft noch überzeugt, dass eine Klärung überflüssig und eher störend sei. So wird die Angelegenheit unter den Teppich gekehrt, bis sie durch neue Nahrung allmählich stärker wird und eskaliert.

Ein typisches Konfliktbeispiel

Herr Dr. A. arbeitet als Chemiker seit vier Jahren in einem Entwicklungsteam in der pharmazeutischen Industrie. Jetzt ist er in der eigenen Gruppe zum Gruppenleiter befördert worden, obwohl er dort mit 32 Jahren einer der jüngeren Mitarbeiter ist. Sein Vorgesetzter hält große Stücke auf ihn. Auch unter den Kollegen ist er fachlich anerkannt und wegen seiner freundlichen Art beliebt. Die Gruppe war bisher dem Abteilungsleiter direkt unterstellt und hatte viel Freiraum, eigenständig zu arbeiten. Weil das Team inzwischen auf acht Mitarbeiter angewachsen ist und der Vorgesetzte von Herrn Dr. A. entlastet werden möchte, wird jetzt die Gruppenleiterstelle eingerichtet. Die Mitarbeiter finden diese zusätzliche hierarchische Ebene überflüssig und nicht zeitgemäß. Sie wollen vor allem sicherstellen, dass sich an ihrer selbständigen Arbeitsweise nichts ändert, und sind daher zunächst froh, als mit Herrn Dr. A. der neue Gruppenleiter aus ihrer Mitte kommt. Von dem jungen und eher kumpelhaften Kollegen erwarten sie keine Bedrohung ihrer eingespielten Arbeitsweise und Freiheiten.

Herr Dr. A. fühlt sich durch die neue Aufgabe zwar geschmeichelt, ist aber auch unsicher, wie er sie meistern soll. Es gibt keine genauen Vorgaben, was er als Gruppenleiter zu tun hat. Er weiß nur: Er soll dem Abteilungsleiter den Rücken freihalten. In dieser Lage müsste er eigentlich zunächst die Erwartungen klären, die von Seiten des Unternehmens, des Vorgesetzten und der Kollegen mit der neuen Rolle verbunden werden, und sich dann zu diesen Erwartungen mit seinen eigenen Vorstellungen von Gruppenleitung positionieren. Herr Dr. A. möchte aber nicht den Eindruck erwecken, als sei er mit der neuen Aufgabe überfordert. Dem Vorgesetzten oder den Kollegen jetzt viele Fragen zu stellen könnte als Unsicherheit gedeutet werden. Er erinnert sich an seinen Einstieg ins Team: Damals hatte der Vorgesetzte mit ihm ein ausführliches und sehr fruchtbares Einzelgespräch über die anstehenden Projekte und Aufgaben geführt. Herr Dr. A. beschließt, es ebenso zu machen. Er teilt den Kollegen mit, dass er sich zunächst einen Überblick verschaffen und mit jedem ein Einzelgespräch über die konkreten Projekte und Aufgaben führen möchte. Mit dieser gut gemeinten Ansage beginnt ein Machtkampf, der sich später zu einem destruktiven Teufelskreis ausweitet. Ein älterer Kollege rät Herrn Dr. A. zunächst freundlich, aber eindringlich, nicht gleich zu Beginn so viel Wind zu machen, alles laufe doch bestens und es gäbe keinen Grund für Veränderungen. Herr Dr. A. will aber nicht gleich bei seiner ersten Aktion einen Rückzieher machen und besteht darauf, dass jeder Einzelne mit Termin zu einem Gespräch in sein neues Einzelbüro kommt. Er denkt: «Ich muss sehen, dass ich die Angelegenheit in den Griff bekomme. Ich darf mir nicht schon zu Beginn von den Kollegen vorschreiben lassen, wann ich mit wem welche Gespräche führe. Das wäre ein Zeichen von Schwäche. Es ist mein Recht, mir einen Überblick zu verschaffen, außerdem ist es sachlich vernünftig, die Aufgabenverteilung von Zeit zu Zeit zu überprüfen. Wozu bräuchte man sonst einen Gruppenleiter?» Die Kollegen denken: «Wir wollen unsere Freiheiten behalten und uns keine unnötigen Vorschriften machen lassen. Wir

sind erfahren und verantwortungsvoll und brauchen kein Kindermäd-
chen. Wenn etwas schiefläuft, melden wir uns schon. Wir ärgern uns
und sind auch enttäuscht, dass Herr Dr. A. sich nun gleich als Chef auf-
spielen will.»

Die Gespräche verlaufen dann in steifer Atmosphäre. Herr Dr. A.
stellt seine Fragen, und die Kollegen antworten kurz und knapp. Am
Ende ist inhaltlich nicht viel herausgekommen. Herr Dr. A. ist ärgerlich
und zugleich enttäuscht, dass die Kollegen ihn «auflaufen» lassen.
Nach den Einzelgesprächen geht dann alles wieder seinen gewohnten
Gang. Die Führungstätigkeit von Herrn A. beschränkt sich in der
nächsten Zeit darauf, die wöchentlichen Team-Sitzungen zu moderie-
ren und bei einigen abteilungsübergreifenden Meetings dabei zu sein.
Die Situation ändert sich, als nach ca. drei Monaten gravierende Fehler
in einem wichtigen Projekt auftreten. Der Abteilungsleiter bemängelt,
dass Herr Dr. A. als Gruppenleiter nicht früher eingegriffen hat. Statt
Herrn A. im Konflikt mit der Gruppe und bei der Klärung der Rollenerwartungen zu unterstützen, verlangt er von ihm, die Arbeit der
Gruppe stärker zu kontrollieren. Herr Dr. A. sieht seine Stunde gekommen und beschließt, härter durchzugreifen. Er verlangt nun, dass jeder
Kollege wöchentlich einen Statusbericht über seine Projekte abgibt.
Die Kollegen liefern ihre Berichte manchmal gar nicht, manchmal ver-
spätet, oft ohne Sorgfalt. Herr Dr. A. schreibt nach mehrmaliger Aufforderung in Abstimmung mit seinem Vorgesetzten eine erste Abmahnung. Der Kollege meldet sich unmittelbar danach für zwei Wochen
krank. Im Anschluss daran macht er Dienst nach Vorschrift und arbeitet demonstrativ unengagiert. Die übrigen Kollegen liefern ihre Berichte zwar, lassen ihn aber ansonsten links liegen, sehen ihn kaum
noch an und verlassen zum Beispiel die Kaffeeecke, wenn der Gruppenleiter sich zu ihnen stellen will. Herr Dr. A. holt sich Rat bei seinem
Vorgesetzten. Dieser rät ihm durchzuhalten, «Flagge zu zeigen» und
sich Respekt zu verschaffen. Herr Dr. A. kündigt in seiner Gruppe an,
er werde jetzt andere Saiten aufziehen. Er verlangt konsequente Einsicht in alle Tätigkeiten und merkt jeden kleinen Fehler an, der ihm
auffällt. Trotz dieser äußerlich strengen Haltung ist er innerlich ge-

kränkt, ärgerlich und verunsichert. Die Kollegen nutzen jede Gelegenheit, ihn auflaufen zu lassen, bauen extra kleine Flüchtigkeitsfehler ein, liefern wichtige Informationen nicht und halten Termine nicht ein. Die Stimmung in der Gruppe ist angespannt und kühl. Die Situation bleibt in den Nachbarabteilungen nicht verborgen, und bald heißt es im Haus, dass Herr Dr. A. wohl überfordert sei. Nach einem weiteren halben Jahr hat sich der Konflikt so festgefahren, und der Gruppenleiter ist so frustriert, dass er um Versetzung bittet.

Eskalationen und Teufelskreise

Dies Beispiel zeigt eine typische Konfliktentwicklung. Obwohl die verletzten Gefühle der Betroffenen den eigentlichen Treibstoff für die meisten Konflikte bilden, wird über diese Gefühle selten gesprochen – am wenigsten dann, wenn es besonders wichtig wäre. Stattdessen lässt man Taten sprechen. Eins gibt das andere. «Wenn er uns so kommt, wird er schon sehen, was er davon hat. Jetzt erst recht …» Je mehr der Chef kontrolliert, desto mehr ärgern sich die Mitarbeiter und fühlen sich bevormundet, entrechtet und eingeengt. Je mehr sich die Mitarbeiter ärgern, diesen Ärger aber nicht offen austragen, desto eher lassen sie den Gruppenleiter auflaufen und machen Dienst nach Vorschrift usw. Die inneren Beweggründe beider Seiten bleiben dabei unausgesprochen oder ungehört. So entsteht mit der Zeit ein destruktiver Teufelskreis (vgl. Schulz von Thun, 1989 S. 28 ff.).

Typisch für Teufelskreise ist, dass sie sich aufschaukeln. Gefühle und Verhalten rufen immer stärkere Reaktionen hervor und nehmen an Intensität zu. Dabei verengt sich der Blick, und die Wahrnehmung verzerrt sich auf eine Weise, die den Konflikt weiter verschärft. Je weiter die Eskalation eines Konflikts fortschreitet, desto mehr Unheil tut eine Seite der anderen an. Alle Beteiligten erleiden Verletzungen, haben das Gefühl, sich wehren zu müssen, und fühlen sich als Opfer. Dabei verlieren sie aus den Augen, wie sie den Konflikt mit ihrem eigenen Verhalten selbst weiter anheizen. Sie empfinden sich nur noch als Reagierende. Dieses Gefühl verbindet sich leicht mit der Überzeugung, dass der andere angefangen habe. Schon in der Sandkiste sind sich Kinder sicher, dass das andere Kind erst das Förmchen weggenommen hat, bevor es selbst mit Sand geworfen hat. Und das andere Kind weiß genau, dass es das Förmchen nur genommen hat, weil vorher seine Sandburg zertreten wurde usw.

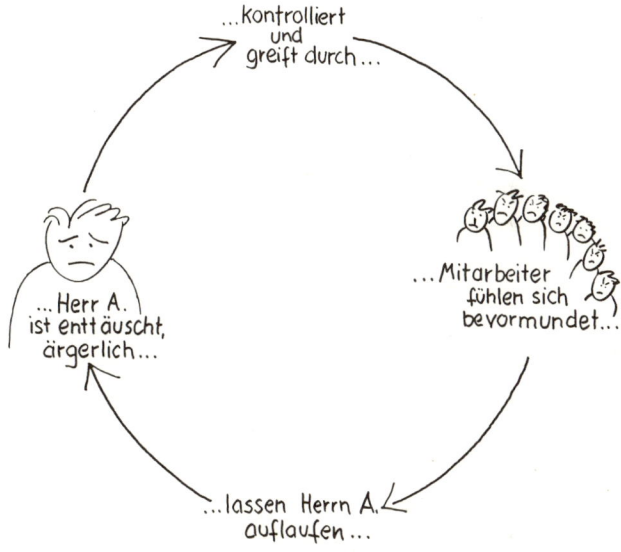

Teufelskreis zwischen Herrn A. und seinen Mitarbeitern

Mit zunehmender Eskalation des Konflikts nehmen beide Seiten nur noch wahr, dass die andere Konfliktpartei schwierig, unsachlich oder aggressiv ist, sich selbst erlebt man dagegen als fair, gutwillig und konstruktiv. Diese Wahrnehmungsverzerrungen werden durch Bedrohung und Schmerz hervorgerufen. Bei starker Angst oder intensiver Verletzung gibt es für den Moment nur noch dieses Gefühl, alles andere wird unwichtig.

Vielleicht kennen Sie das Phänomen, dass alle bis dahin als wichtig empfundenen Ziele und Probleme wie von selbst in den Hintergrund rücken, wenn man mit einer ernsthaften Krankheit konfrontiert ist. Dann zählt nur noch die körperliche Bedrohung, und man mobilisiert alle Kräfte, um mit ihr fertig zu werden. Ähnlich im Konflikt. Bei intensiver Bedrohung geht es nur noch darum, zu parieren, sich zu wehren und nicht zu verlieren, in lebensbedrohlichen Konfliktsituationen sogar darum, den Gegner außer Gefecht zu setzen. Leider wird auch das alltägliche Konfliktgeschehen von solchen archaischen Grundmustern mitbestimmt, und man verhält sich oft unangemessen so, als ginge es um Leben oder Tod. Im Gefühl der Bedrohung geht die differenzierte Vielfalt unseres Erlebens und Verhaltens verloren, und wir werden zu emotionalen Analphabeten. Einfache Mechanismen wie Angriff oder Flucht, Sieg oder Niederlage und eine radikale Aufteilung der Welt in Freund oder Feind, Gut oder Böse gewinnen die Oberhand. Verständnis und Mitgefühl stören oder schwächen dann nur, ebenso das Empfinden, selbst auch nicht mehr im Recht zu sein als der Gegner. Stärker fühlt man sich, wenn man sich selbst auf der Seite der Guten und den Gegner auf der Seite der Bösen wähnt. Diese Aufteilung der Welt in Gut und Böse kennen Sie aus der Beschreibung des Narzissmus aus Kapitel 4.1. Auch dort dient sie der Abwehr einer erlebten Bedrohung.

Eine differenzierte Wahrnehmung, die Positives und Negatives gleichzeitig integriert, ist kognitiv und emotional ein Zeichen von Reife. Im «heißen» Konflikt ist sie jedoch durch gegenseitige Kränkung und Verletzung verstellt. Wenn Konfliktpartner ihre Schwarzweiß-Sicht aufgeben und ihr Gegenüber wieder differenziert wahrnehmen können, sind erste Schritte auf dem Weg zu einer Einigung getan. In Konflikten brauchen wir daher vor allem einen anderen Umgang mit Verletzungen. Obwohl wir uns gekränkt, erniedrigt oder ungerecht behandelt fühlen, ist es entscheidend, kein weiteres Öl ins Feuer zu gießen und Angriffe nicht sofort mit einem Gegenangriff zu kontern. Das ist leichter gesagt als getan. Um welche Herausforderungen geht es?

Über Gefühle sprechen: Kinder sagen «Aua», wenn's wehtut, oder sie drücken ihren Schmerz durch Weinen aus. Im übertragenen Sinne können Erwachsene über ihre Verletzungen und Kränkungen sprechen, anstatt sofort eine Gegenoffensive zu starten. «Das ärgert mich ..., bringt mich in eine unangenehme Situation ..., ich möchte nicht, dass du mich übergehst ..., so mit mir umgehst, mich beleidigst oder verletzt ...»

Auf Vergeltung verzichten: Manchmal wollen wir heimzahlen, was uns angetan wurde, und sinnen nach Rache und Vergeltung. Die Politik im Nahen Osten zeigt, wozu das Motto «Auge um Auge, Zahn um Zahn» führt. Rachegefühle sind in Konflikten schlechte Ratgeber. Erst wenn man auf Vergeltung verzichtet, kann man aus einer Eskalation aussteigen.

Verzeihen: Eine weitere Stufe wäre, dem anderen zu verzeihen. Verzeihen bedeutet nicht, zu verdrängen oder zu vergessen. Was geschehen ist, ist geschehen. Man kann die Vergangenheit aber ruhen lassen, wenn man zu einer gemeinsamen Bewertung der Vergangenheit gelangt oder zumindest davon ausgeht, dass der andere sich heute anders verhalten würde. Mit dem Verzeihen wird man bereit für einen neuen Anfang.

Allerdings gibt es auch unverzeihliche Verletzungen und Entrechtungen, wo die Beziehung so zerstört wird, dass keine Versöhnung mehr möglich ist.

Sich entschuldigen: Wer sich entschuldigt und um Verzeihung bittet, sagt damit «Mein Verhalten war unrecht. Es tut mir leid.» Eine ernst gemeinte Entschuldigung macht dem anderen das Verzeihen leichter und kann in einem festgefahrenen Konflikt kleine Wunder bewirken. Manchen Menschen fällt es grundsätzlich schwer, sich zu entschuldigen. Sie schaffen es nicht, ihren Stolz zu überwinden. Wir empfehlen, Entschuldigungen innerlich umzudefinieren: Sie sind keine Niederlage, sondern Zeichen einer geraden und aufrichtigen Haltung.

5.1.2 Konfliktvermeidung

Aufgeschobene und unter den Teppich gekehrte Konflikte lösen sich nicht von selbst auf. Was man unter den Teppich gekehrt hat, beginnt früher oder später zu schwelen. Je länger man dann wartet, desto unangenehmer und mühevoller wird die Auseinandersetzung.

Wenn in Arbeitsbeziehungen unterschiedliche Meinungen nicht ausgetragen und wenn Kritik, Zweifel oder Konkurrenz unterdrückt werden, gehen wichtige Entwicklungs- und Veränderungsimpulse verloren. Manche Vorgesetzte reglementieren abweichende Meinungen oder Wünsche von Mitarbeitern so früh und so stark, dass jede öffentliche Diskussion erlahmt und vermeintlich Unerwünschtes überhaupt nicht mehr ausgedrückt wird. So geht Kompetenz verloren, und der nicht ausgetragene Konflikt schwelt im Untergrund weiter. Manchmal tritt er dann später im Außenkontakt zutage: zum Beispiel, indem Mitarbeiter sich bei Außenstehenden über ihren Chef beschweren oder ihre Frustration an Kunden und Kollegen auslassen. Eltern, die gegenüber ihren Kindern allzu starke und starre moralische Normen vertreten, werden dann plötzlich damit konfrontiert, dass ihr Kind in einem weniger kontrollierbaren Umfeld klaut oder zündelt, krumme Geschäfte macht oder andere Kinder schlägt.

Obwohl es heute zum Alltagswissen gehört, dass Konfliktvermeidung oft negative Folgen hat, neigen viele Menschen dazu, Konflikte zu übergehen, zu verdrängen oder auszusitzen. Die Gründe dafür sind vielfältig.

Erfahrungen und Vorbilder fehlen

Den meisten Menschen fehlen positive Erfahrungen und Vorbilder, von denen sie das Handwerkszeug der Konfliktbearbeitung hätten erwerben können. In vielen Familien werden Konflikte vermieden, verschwiegen oder wild ausagiert. Wenn aber niemals gestritten wurde, wenn Streit frühzeitig durch rigide und strenge Machtworte beendet wurde oder wenn man als Kind Angst haben musste zu widersprechen, entsteht kein guter Nährboden für Konfliktfähigkeit. Auch in der prägenden Zeit der Schule, Ausbildung oder Bundeswehr sind positive Erfahrungen mit Konflikten leider eher die Ausnahme. Bei Führungskräften gehören Kritikgespräche oder Konfliktklärungen häufig zu den ungeübten und meist auch ungeliebten Tätigkeiten.

Man wird angreifbar

Wer einen Konflikt anspricht, muss sich mit der eigenen Meinung zeigen, man wird sichtbar und damit auch angreifbar. Wenn ich zeige, was mich stört, zeige ich meine Empfindlichkeit. Ich stehe nicht mehr da, als könnte ich die Angelegenheit großzügig hinnehmen. Das Gegenüber denkt möglicherweise: «Was regt der sich auf, wie kleinlich ist er, wie wenig souverän …» Man braucht also Selbstsicherheit und die Einstellung, dass es ein Zeichen von Stärke ist, die eigene «Empfindlichkeit» zu zeigen. Den Vorwurf «Sie sind aber empfindlich» kontert man am besten, indem man sich dazu bekennt: «Ja, an dieser Stelle bin ich sogar sehr empfindlich. Deswegen liegt mir auch so sehr daran, dass Sie mich frühzeitig informieren, wenn …»

Es fällt schwer, Lösungslosigkeit auszuhalten

Oft fehlen die Erfahrung und die Zuversicht, dass das Ansprechen eines Konflikts auch dann zur Klärung beitragen kann, wenn man selbst noch keine Lösungsidee parat hat. Besonders in der Unternehmenswelt herrscht oft der Irrglaube, man müsse für jedes Problem sofort eine Lösung aus dem Hut zaubern können. Konflikte lassen sich aber im Gegenteil meist eher lösen, wenn es den Beteiligten gelingt, eine mehr perspektivische Sicht auf die Gesamtsituation zu gewinnen. Wenn ein Konfliktbeteiligter zu früh mit einer Lösungsidee kommt, erzeugt das in der Regel eher Widerstand. Deshalb ist es in Konfliktklärungsgesprächen so wichtig, erst alle Seiten umfassend zu verstehen, bevor man an die Lösungssuche geht. Diese vorübergehende Lösungslosigkeit auszuhalten fällt vielen Menschen schwer.

Es könnte schlimmer werden

Wenn ich dem Kollegen sage, dass mich seine Unpünktlichkeit stört, ist die Katze aus dem Sack – und man bekommt sie auch nicht wieder hinein. Solange ich nichts sage, kann ich die Sache übergehen und mir einreden, dass es so schlimm auch nicht ist, dass es sich vermutlich von selbst erledigt, dass das Ansprechen ohnehin nichts nützen würde oder dass man so eine Kleinigkeit nicht hochspielen sollte. Ist die Störung ausgesprochen, liegt sie offen auf dem Tisch, und man kennt die Folgen noch nicht. Der andere kann verständnisvoll auf mich eingehen, vielleicht ist er aber auch beleidigt oder reagiert aggressiv und lässt mich abblitzen. Möglicherweise zieht er längst vergessene Ärgernisse aus der Tasche, und aus der Mücke wird ein lästiger Elefant.

Um Störungen anzusprechen, braucht man die Zuversicht, dass die Angelegenheit – auch wenn sie zunächst unangenehm ist – zu einem guten Ende kommen wird. Diese Grundhaltung gewinnt man nur, wenn man positive Erfahrungen mit der Austragung von Konflikten hat, wenn man weiß, dass aus Kontroversen konstruktive Lösungen entstehen können.

Die Kompetenzen fehlen

Wer wenig Erfahrung mit konstruktiven Konfliktklärungen hat und sich deswegen unsicher fühlt, begibt sich nur ungern auf das glatte Eis eines Konflikts. So können wiederum die notwendigen Kompetenzen kaum wachsen. In 5.2 werden wir die wichtigsten Fähigkeiten genauer beschreiben, die den Umgang mit Konflikten erleichtern.

5.2 Anregungen zur persönlichen Entwicklung

Der persönliche Stil im Umgang mit Konflikten wird stark geprägt von unserem Selbstwertgefühl, von unseren bisherigen Erfahrungen mit Konflikten und von unseren Einstellungen und Überzeugungen. Wie können wir lernen, mit Konflikten konstruktiv umzugehen? Konflikte frühzeitig wahrzunehmen und aufzugreifen, ohne sie selbst anzuzetteln? Konflikte zu klären und zu lösen?

Vielleicht vermeiden Sie es immer wieder, Konflikte auszutragen, und möchten mutiger werden und Ihre Interessen in Konflikten besser vertreten. Oder Sie geraten immer wieder in hitzige, unfruchtbare Auseinandersetzungen und wollen lernen, Konflikte mit Ruhe und Sachverstand zu klären. Oder Sie haben einfach Lust, Ihre Konfliktfähigkeit weiterzuentwickeln.

5.2.1 Standort- und Zielbestimmung

Wenn Sie sich grundsätzlicher mit diesem Thema auseinandersetzen wollen, empfehlen wir Ihnen, zunächst wieder eine umfassendere Standort- und Zielbestimmung vorzunehmen. Dabei sind vier Aspekte besonders lohnend:

- Welche bisherigen Erfahrungen mit Konflikten haben mich geprägt?
- Welche Einstellungen und Überzeugungen leiten mich im Umgang mit Konflikten?
- Welche aktuellen Konflikte binden meine Energie und Lebensfreude?
- Welche Kompetenzen habe ich im Umgang mit Konflikten, welche müsste ich entwickeln?

Die erste Perspektive der Standortbestimmung betrifft Ihre **bisherigen Erfahrungen mit Konflikten**. Besonders prägend sind auch hier die frühen Erlebnisse im Familienumfeld. Wo konnten Sie lernen, wie man mit Konflikten umgeht? Wie haben Ihre Eltern und Ihre wichtigsten frühen Bezugspersonen Konflikte gelöst – oder eben auch nicht? Was haben sie Ihnen vermittelt? Vielleicht haben Sie schon früh die Erfahrung gemacht, dass jeder Widerspruch unter den Teppich gekehrt wird und Konflikte vermieden oder verschwiegen werden. Oder Sie haben darunter gelitten, wie Streit eskaliert und sich Fronten verhärten. Wie Konfliktpartner voller Wut oder resigniert auseinandergehen und sich destruktiv entwerten. Vielleicht haben Sie aber auch erlebt, wie unterschiedliche Meinungen, Ziele und Interessen in einem konstruktiven Dialog geklärt werden können, wie man tragfähige Kompromisse aushandelt oder sogar im Konsens neue Lösungen findet.

Eng verknüpft mit den bisherigen Erfahrungen mit Konflikten sind die **Einstellungen und Überzeugungen,** die Sie sich im Lauf Ihres Lebens zu diesem Thema gebildet haben. Vielleicht glauben Sie, dass Streiten verbindet, oder Sie sind überzeugt davon, dass man Konflikte in jedem Fall besser vermeiden sollte. Vielleicht sind Sie der Meinung, dass man Gegensätze und Kritik immer offenlegen sollte oder dass sich jeder Konflikt lösen lässt, wenn man nur vernünftig miteinander redet und bereit ist, ein bisschen nachzugeben.

Die nächste Perspektive der Standortbestimmung befasst sich mit Ihren **aktuellen Konflikten.** Um die ganze Lebenssituation abzubilden, sollten Sie alle Lebensbereiche betrachten und sich jeweils fragen: Wo gibt es Konflikte, die meine Energie und Lebensfreude binden? Sind das akute, offene Konflikte, oder schwelen sie eher im Untergrund? Welche Konflikte möchte ich klären, und was müsste ich dafür tun?

Die meisten Konflikte betreffen gleich mehrere Lebensbereiche. Vielleicht wohnen und leben Sie nach langer Suche nun endlich genau so, wie es für Sie richtig ist, Ihr Lebenspartner ist aber unzufrieden und möchte aufs Land ziehen. Oder Sie haben einen Konflikt am Arbeitsplatz, der sich mittlerweile auch auf Ihre Partnerschaft, Ihre Freizeitge-

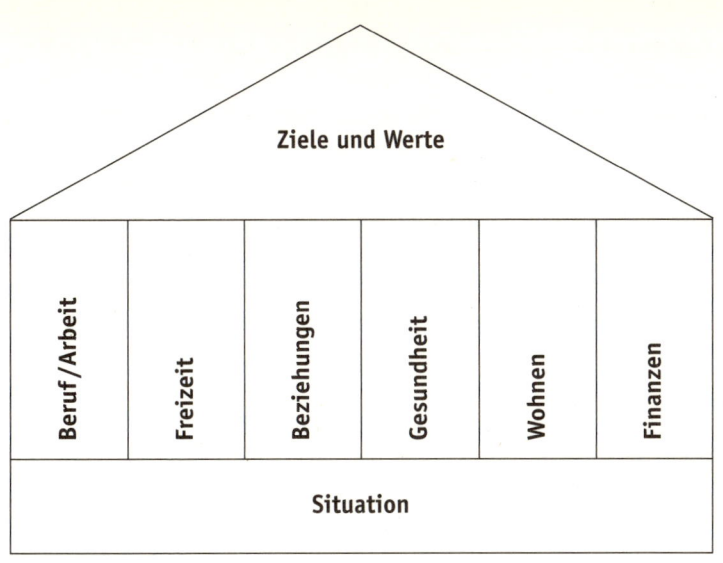

Ziele und Werte

Beruf/Arbeit

Freizeit

Beziehungen

Gesundheit

Wohnen

Finanzen

Situation

Wo gibt es Konflikte, die meine Lebensenergie binden?
Was möchte ich klären oder ändern?

wohnheiten und auf Ihre Gesundheit auswirkt. Oder Sie wollen eine interessantere, aber schlechter bezahlte Arbeit annehmen und gefährden damit die Abzahlung des gemeinsamen Hauses und vielleicht auch den Familienfrieden. Mit dieser Perspektive der Standortbestimmung gewinnen Sie also auch einen Überblick über die Auswirkungen eines Konflikts in den unterschiedlichen Lebensbereichen.

Die vierte Perspektive bei der Standortbestimmung betrifft die Frage: Welche **Kompetenzen** habe ich im **Umgang mit Konflikten**, welche müsste ich entwickeln? Hierzu sollten Sie sich nicht nur selbst Gedanken machen, sondern sich auch ein Feedback von Freunden und Kollegen einholen. Die Art und Weise, wie Sie Einfluss nehmen und mit Macht umgehen, wird sich vermutlich in Ihrer Art, mit Konflikten umzugehen, widerspiegeln. Insofern können Sie hier auf die Standortbestimmung im Kapitel 4.2.1 aufbauen.

Um konstruktiv mit Konflikten umzugehen, brauchen wir zunächst einige übergeordnete Einstellungen und persönliche Fähigkeiten: Wir müssen in der Lage sein, uns zu erklären, über unsere Gefühle zu sprechen und auf Vergeltung zu verzichten. Wir sollten verzeihen und um Verzeihung bitten können – oder die Verantwortung dafür übernehmen, wenn wir etwas nicht verzeihen wollen. Und wir sollten grundsätzlich bereit sein, mit dem anderen nach fairen Lösungen zu suchen.

Zur Konfliktfähigkeit gehören neben der richtigen Einstellung und persönlichen Fähigkeiten aber auch ganz konkretes Wissen und methodisches Handwerkszeug zu drei Kompetenzbereichen. Wer konstruktiv mit Konflikten umgehen will, sollte

- Konflikte wahrnehmen,
- Konflikte mehrperspektivisch analysieren und
- Konflikte im Dialog klären können.

Im Folgenden geben wir Ihnen Entwicklungsanregungen zu diesen drei Kompetenzbereichen: Was muss man beachten, und welche Anforderungen werden dabei an die Persönlichkeit gestellt? Welche Haltungen, Methoden und Werkzeuge können helfen?

5.2.2 Konflikte wahrnehmen

Zu den Kompetenzen im Vorfeld eines Konflikts gehört die Sensibilität, Spannungen und Konflikthinweise – bei uns selbst ebenso wie bei anderen – frühzeitig wahrzunehmen und ernst zu nehmen. Es gibt zwei grundsätzliche Möglichkeiten, einen sich anbahnenden Konflikt zu bemerken: Wir können die Wahrnehmung nach innen oder nach außen richten. Wenn wir den Blick auf uns selbst richten, geht es um die Wahrnehmung der eigenen Gefühle. Vielleicht können Sie die eigene Anspannung und Aufregung spüren, bevor Sie etwas sagen wollen.

Oder Sie merken, dass Sie den anderen nicht mehr anschauen mögen und ihm aus dem Weg gehen. Vielleicht spüren Sie, wie sich Ihre Nackenhaare sträuben, wenn Sie belehrt werden. Vielleicht ärgern Sie sich, sind enttäuscht oder gekränkt. Die bewusste Wahrnehmung der eigenen Gefühle sagt uns: Hier bahnt sich etwas an – oder hier ist schon etwas im Gange. Indem man die eigenen Störgefühle wahrnimmt und ernst nimmt, wird ein Konflikt bedeutsam. Dann fällt es leichter, den Ärger auszudrücken und auch mal einen offenen Streit zu riskieren.

Menschen mit einer sensiblen Innenwahrnehmung bemerken früh, wenn etwas nicht im Lot ist. Diese Fähigkeit hat jedoch ihren Preis: Sie empfinden Stress, Unstimmigkeiten und Spannungen auch intensiver und sind entsprechend störanfällig. Schon im Eigeninteresse neigen sie dazu, Konflikte früh zu bereinigen. Eine sensible Innenwahrnehmung wirkt sich in Konfliktsituationen nur dann positiv aus, wenn man zusätzlich über feine Außenantennen verfügt und nicht nur um sich selbst kreist.

Nach außen können wir in erster Linie wahrnehmen, wie andere Menschen handeln und was sie sagen, dass sie schweigen, widersprechen, wegsehen, zögern, zu spät kommen, eine Sache nicht zu Ende bringen oder Vereinbarungen nicht einhalten. Daraus könnten wir schließen, dass es etwas zu klären gäbe. Aber es gibt keine Sicherheit, wir können nicht wirklich in andere Menschen hineinschauen. Ihre Gefühle kann man nur vermuten, sie spielen sich ausschließlich im Inneren ab. Dennoch haben wir aufgrund von Gestik, Mimik, Haltung und Stimme Anhaltspunkte, wie es dem anderen gehen könnte. Wenn Sie an einer Klärung interessiert sind, können Sie zum Beispiel die eigene Beobachtung schildern und direkt fragen: «Mir fällt auf, dass wir kaum noch ein persönliches Wort miteinander sprechen. Ist das Zufall, oder gibt es irgendetwas, was wir miteinander klären sollten?»

Wenn Sie bereit und in der Lage sind, sich in den anderen einzufühlen, können Sie oft schon ahnen, was ihn bewegt, wo der Schuh drückt, wie er die Situation erlebt und wo seine Interessen betroffen sind. Dann können Sie Ihre Vermutung auch direkt äußern: «Ich kann mir vorstellen, dass du dich übergangen fühlst, weil wir ohne dich entschieden haben … ist das so? … Dann würde ich dir gern erklären …» Wenn man aufkommende Konflikte frühzeitig erkennt und klärt, können größere emotionale Verstrickungen oft vermieden werden.

5.2.3 Konflikte analysieren

Je wichtiger die Klärung oder Lösung eines Konflikts für die persönliche Lebenszufriedenheit ist, desto gründlicher und ernsthafter müsste man ihn eigentlich analysieren. Ob wir ein Risiko eingehen und einen Konflikt ansprechen oder ob wir ihn eher vermeiden, entscheidet sich aber meist spontan und unreflektiert. Nur selten machen wir uns die Mühe, rational und umfassend zu analysieren, worum es eigentlich geht, ob das Ansprechen einer Störung Erfolg verspricht oder welche anderen Lösungsmöglichkeiten es geben könnte. Wir empfehlen Ihnen, bei der Analyse eines für Sie bedeutsamen Konflikts sechs Perspektiven auszuleuchten, um erst dann ein persönliches Fazit zu ziehen und zu entscheiden, welche Ziele Sie mit Ihrem weiteren Vorgehen erreichen wollen (vgl. Schulz v. Thun, 1998 b):

- die eigene Situation: Selbstklärung
- die äußere Situation: Rahmenbedingungen, Rollen, Aufgaben und Aufträge
- die Situation des anderen: Einfühlung
- die Interaktionsmuster
- den Sinn des Konfliktes
- die Ressourcen für eine Lösung

Sie können diese sechs Perspektiven zur Analyse verwenden, wenn ein Konflikt bereits offen ausgebrochen ist und Sie sich auf ein Klärungsgespräch vorbereiten wollen. Ebenso nützlich ist die Analyse, wenn Sie sich über die Lösungsmöglichkeiten für einen noch schwelenden Kon-

flikt klar werden wollen. Am besten geht es im Dialog: Mit einem neutralen Gesprächspartner gelingt es in der Regel leichter, die Perspektiven zu wechseln und nicht bei der eigenen, oft festgefahrenen Sicht
hängen zu bleiben. Nach einer differenzierten Betrachtung der sechs
Perspektiven können Sie dann fundierter entscheiden, wie Sie weiter
vorgehen wollen.

Die eigene Situation: Selbstklärung

Am einfachsten ist es meistens, mit der eigenen Situation zu beginnen
und genauer herauszufinden, was eigentlich konkret stört: **Worum
geht es?** Um Fachfragen und inhaltliche Kontroversen? Um Abläufe
und Arbeitsorganisation? Um unterschiedliche Ziele und Perspektiven? Oder hauptsächlich um die zwischenmenschliche Seite der Zusammenarbeit oder des Zusammenlebens? Was stört mich eigentlich
genau, und gibt es dafür ein typisches Beispiel, eine Szene, die den
Konflikt illustriert? Der Gruppenleiter Herr Dr. A. aus unserem Konfliktbeispiel würde zu diesen Fragen vielleicht sagen: «Es geht vor allem
um die Art, wie die Kollegen mir begegnen, das finde ich bockig und
unfair, schließlich gebe ich mir Mühe, alles richtig zu machen. Typisch
ist die Situation, wenn die Kollegen beim Kaffee zusammenstehen und
dann verstummen und auseinandergehen, bevor ich mich dazustellen
kann.»

Wenn man ein typisches Beispiel gefunden hat, kann man noch etwas tiefer gehen und sich fragen: Warum ist das eigentlich schlimm für
mich? Auf welchen wunden Punkt trifft das bei mir? Welche Gefühle
löst das aus? Herr Dr. A. würde dann vielleicht sagen: «Ich fühle mich
isoliert, und das ist besonders schlimm, weil ich eigentlich gern in der
Gruppe gearbeitet habe und wir uns gut verstanden haben. Es ist ein
bisschen wie früher auf dem Schulhof, als ich neu war nach einem
Schulwechsel, einen anderen Dialekt sprach und niemand mit mir zu
tun haben wollte. Andererseits bin ich wütend über dies trotzige und
unkollegiale Verhalten, ich finde, das gehört sich nicht! Kommt gar

nicht infrage, mich da unterzuordnen. Schlimm für mich ist auch, dass ich jetzt nach außen dastehe wie ein Versager, der sich nicht durchsetzen kann.»

Hier stehen also unterschiedliche Gefühle im Widerstreit: die Einsamkeit, der Ärger und die Angst vor einer kritischen Bewertung. An diesem Punkt ist es manchmal hilfreich, die verschiedenen Seelen in der eigenen Brust gedanklich voneinander zu trennen und sie sich als innere Teammitglieder vorzustellen, die alle gehört und beachtet werden wollen. Den Gedanken des inneren Teams haben wir in Kapitel 3.2.3 ausführlicher beschrieben (vgl. Schulz von Thun, 1998).

Dann kann man zum Abschluss bei dieser Perspektive noch fra-gen: Was wünsche ich mir eigentlich anders? Wie würde es weitergehen, wenn alles nach mir ginge? Wann wäre der Konflikt für mich gelöst?

Hier geht es eindeutig um Wünsche und noch nicht um konkrete

Das innere Team im Konflikt

Ziele! Denn um sich wirklich sinnvolle Ziele vorzunehmen, sollte man auch die anderen Perspektiven ausgeleuchtet haben. Vielleicht würde Herr Dr. A. sich wünschen, dass die Kollegen wieder offener auf ihn zugehen und sich auf seine Gruppenleitung einlassen. Wenn der Konflikt schon weiter eskaliert ist, würde er vielleicht nur noch wünschen, dass er ohne Gesichtsverlust die Abteilung verlassen kann.

Die äußere Situation: Rahmenbedingungen, Rollen, Aufgaben und Aufträge

Nachdem Sie die eigene Situation besser verstanden haben, können Sie jetzt die äußeren Begleitumstände genauer unter die Lupe nehmen. Wenn in einem Konflikt erst einmal Emotionen die Oberhand gewonnen haben, sind wir in Gefahr, das Geschehen nur noch mit der psychologisch-zwischenmenschlichen Brille wahrzunehmen. Oft sind Konflikte jedoch durch sachlich-fachliche Differenzen, widersprüchliche Ziele oder durch unklare Rollen oder Aufgaben verursacht. Deshalb sollten wir uns auch über die eher nüchternen Zahlen, Daten und Fakten eines Konfliktes klar werden: In welchem Rollen- und Auftragskontext spielt die Situation? Wer hat wem was zu sagen? Wer kann von wem was erwarten? Welche Spielregeln gelten für solche oder ähnliche Situationen? Wie ist die Vorgeschichte? Wer ist an dem Konflikt noch beteiligt oder davon direkt oder indirekt betroffen?

Im Beispiel des Gruppenleiters Dr. A. hätte die Analyse der äußeren Situation ergeben: Die Gruppenleiterfunktion ist neu geschaffen, Rolle und Aufgaben wurden nicht direkt geklärt, obwohl es in anderen Abteilungen natürlich Modelle für die Gestaltung dieser Rolle gibt. Herrn Dr. A. fehlen Erfahrung und Standing, um von den Kollegen als Autorität anerkannt zu werden. Obwohl er die Rückendeckung des Abteilungsleiters hat, sind die erfahrenen Kollegen in der Lage, sich seinem Einfluss zu entziehen. Beteiligt ist neben den Kollegen vor allem auch der Abteilungsleiter. Er hat Herrn Dr. A. nicht in die neue Führungsrolle eingeführt und seine Erwartungen an diese Rolle auch nicht den Teamkollegen vermittelt. Außerdem fördert er durch die Beratung von Herrn Dr. A. dessen harte Haltung. Indirekt beteiligt ist auch der Personalleiter. Er hatte frühzeitig vor der Einrichtung einer zusätzlichen Gruppenleiterstelle gewarnt, weil die Unternehmenspolitik eher in die Gegenrichtung, also auf den Abbau von hierarchischen Ebenen, zielt. Außerdem hatte er angeführt, dass diese Gruppe von Experten damit an Status und vermutlich auch an Motivation verlieren würde. Trotz dieser Bedenken konnte der mächtigere Abteilungsleiter seinen Wunsch durchsetzen. Inzwischen sorgt die Unzufriedenheit der Mitarbeiter auch außerhalb der Abteilung für Gesprächsstoff.

Die Situation des anderen: Einfühlung

Jetzt geht es darum, den Konflikt aus der Perspektive des anderen zu beschreiben. Das erfordert einen inneren Rollentausch. Angenommen, Sie wären in der Situation Ihres Konfliktpartners – wie würde es Ihnen an seiner Stelle gehen? Wie würde er den Konflikt beschreiben? Am besten gelingt dieser Perspektivenwechsel, wenn man sich zunächst in die Gesamtsituation des anderen einfühlt und sich dann allmählich dem Konflikt nähert. Wenn sich Herr Dr. A. auf diese Weise in einen seiner Kollegen einfühlen würde, hieße das: «Ich bin einer der Kollegen im gleichen Alter. Ich bin eigentlich ein unkomplizierter und friedliebender Mensch. Bisher hat mir die Arbeit in diesem Team Spaß gemacht. Aber dann kam der Chef auf die Schnapsidee, uns einen Gruppenleiter vor die Nase zu setzen. Da hab ich gedacht, Herr Dr. A. ist vielleicht noch das kleinste Übel, der kennt unseren Stil und macht einfach so weiter wie bisher. Aber dann lässt er gleich den Leiter raushängen und zitiert alle zum Einzelgespräch – so was haben wir doch vorher auch nicht gebraucht. Wir sind selbständig arbeitende Experten. Und dann dies blöde Abfragen unserer Aufgaben …, eigentlich erwarte ich von ihm, dass er in der neuen Rolle gar nicht sichtbar wird.» Versuchen Sie sich so weit in den anderen einzufühlen, bis Sie sich vorstellen können, was ihn bewegt, was er sich wünschen würde und was er erreichen möchte.

Die Interaktionsmuster

Nachdem Sie sich selbst und die andere Seite besser verstehen, können Sie nun überprüfen, ob sich bereits wiederkehrende Muster in der Interaktion ausgebildet haben. Zum Beispiel: Der eine wird laut und macht Vorwürfe, der andere bricht daraufhin jedes Mal den Kontakt ab. Oder: Beide ärgern sich, sprechen es aber nicht an und beschweren sich jeweils bei Dritten. Oder: Der eine kontrolliert, der andere verheimlicht umso mehr. Prüfen Sie, ob bereits ein destruktiver Teufelskreis entstanden ist, bei dem sich Gefühle und Verhalten wechselseitig verstärken (vgl. 5.1).

Es geht in festgefahrenen Konflikten immer auch darum, aus Interaktionsmustern auszusteigen, die den Konflikt hervorgerufen, aufrechterhalten oder verstärkt haben. Wenn wir typische Muster in der Interaktion erkennen und verstehen, wie wir selbst zu diesem Muster oder Teufelskreis beitragen, zeigen sich erste Lösungsmöglichkeiten: Statt so weiterzumachen wie bisher, können wir auf der Verhaltensebene aus dem Interaktionsmuster aussteigen. Statt mehr desselben können wir uns entscheiden, weniger desselben oder etwas anderes zu tun.

Der Sinn des Konflikts

Die nächste Perspektive untersucht den Sinn oder Nutzen, den die Angelegenheit haben könnte. Dabei lohnen sich wiederum zwei Blickrichtungen. Die erste prüft, **wer von dem Konflikt profitiert:** Wer hätte etwas davon, wenn wir so weitermachen wie bisher und den Konflikt nicht austragen? In unserem Beispiel profitieren alle Beteiligten auch davon, den Konflikt nicht zu klären: Herr Dr. A. muss sich nicht öffentlich eingestehen, einen Fehler gemacht zu haben und blauäugig in einen Machtkampf eingestiegen zu sein. Der Abteilungsleiter muss sich nicht selbst mit der Frustration der Mitarbeiter auseinandersetzen, die sich durch die neue Leitungsposition und die Forderungen nach mehr Kontrolle in ihren Rechten und Gewohnheiten beschnitten fühlen. Auch die Kollegen profitieren davon, den Konflikt nicht offen auszutragen. Solange sich der Ärger über die stärkere Kontrolle ihrer Arbeit auf der Beziehungsebene mit Herrn Dr. A. abhandeln lässt, können sie so weiterarbeiten wie bisher. Manchmal profitieren im Umfeld auch noch andere, die gar nicht direkt betroffen sind, von dem Konflikt.

Der Personalleiter, der frühzeitig vor der Einrichtung einer zusätzlichen Gruppenleiterstelle gewarnt hatte, kann auf diese Weise zeigen, wie berechtigt seine Bedenken waren.

Die konstruktive Gegenfrage prüft den **Nutzen einer Lösung:** Was wäre erreicht, wenn dieser Konflikt gelöst wäre? Was wäre geklärt? Wer hätte was gelernt? Wozu hätte der Konflikt beigetragen, bzw. wobei hätte er geholfen? In unserem Beispiel könnte der Konflikt, wenn er im Dialog geklärt würde, allen Beteiligten helfen, die Rollen und Erwartungen zu klären und Sicherheit darüber zu gewinnen, welche Spielregeln in der Zusammenarbeit zukünftig gelten sollen.

Die Ressourcen für eine Lösung

Nach diesen Analyseschritten sind Sie bestens vorbereitet für den Blick auf die Ressourcen: Wer hat schon Lösungsversuche unternommen oder könnte zur Lösung des Konflikts beitragen? Wer ist mir wohlgesinnt und könnte mich bei der Konfliktklärung unterstützen? Im Fall von Herrn Dr. A. wäre das zum Beispiel der ältere Kollege, der ihn frühzeitig warnend angesprochen hatte. Vielleicht hat auch schon einer der anderen Kollegen seinen Ärger direkt und öffentlich ausgesprochen. Das könnte man als Lösungsversuch werten und sich darauf beziehen.

Zu den Ressourcen für eine Lösung gehören natürlich auch alle persönlichen Fähigkeiten: Welche Ihrer Stärken und Potenziale können Sie einsetzen? Welche Stärken und Potenziale von anderen können Sie nutzen?

Herr Dr. A. könnte zum Beispiel nutzen, dass er mutig, zielstrebig und selbstbewusst ist. Er könnte auch seinen Intellekt nutzen und sich klarmachen, dass es in seiner Situation eher ein Zeichen von Stärke wäre, die Schwierigkeiten direkt anzusprechen und einzugestehen, dass er mit seinem ungeschickten Einstieg das Gegenteil von dem erreicht hat, was er eigentlich wollte.

Bei der Suche nach Ressourcen können Sie sich auch fragen, ob es Ausnahmen gibt, in denen der Konflikt nicht auftritt oder weniger spürbar ist. Wenn es diese Ausnahmen gibt, sollten sie sich dafür interessieren, was Sie dann anders machen: Wie schaffe ich das, und wie könnte ich diese Fähigkeit in meiner aktuellen Situation nutzen?

Persönliches Fazit

Nachdem alle sechs Perspektiven ausgeleuchtet sind, können Sie abschließend überlegen, was Sie unter Berücksichtigung aller bisherigen Erkenntnisse erreichen wollen. Jetzt ist der Moment gekommen, wo Sie Ihre Wünsche und Erwartungen in konkrete Ziele übersetzen können. Dabei sollten Sie unterscheiden zwischen Ihrem maximalen Ziel und einem minimalen Ziel: Was würde ich am liebsten erreichen? Was wäre das absolute Minimum, mit dem ich noch leben könnte?

Dann überlegen Sie sich, was Sie selber dazu beitragen können, um dieses Ziel zu erreichen, und wo Sie auf die Mithilfe des anderen angewiesen sind: Was kann ich selbst zur Konfliktlösung anbieten? Was brauche ich von anderen?

Dann entscheiden Sie, wie Sie in diesem Konflikt weiter vorgehen wollen. Es gibt grundsätzlich immer mindestens drei Wege:

- die Einstellung ändern,
- das eigene Verhalten ändern,
- eine Klärung im Dialog suchen.

Die Einstellung ändern hieße, den Konflikt anders zu bewerten. Einstellung und Verhalten sind eng miteinander verknüpft. Manchmal ändert sich durch die mehrperspektivische Analyse die Einstellung bereits so weit, dass wir uns anders verhalten können und damit zur Auflösung des Konflikts beitragen.

Das Verhalten ändern könnte auch bedeuten, etwas Neues auszuprobieren, was mehr Erfolg verspricht. Zum Beispiel könnten Sie den anderen besser informieren, sich stärker zurückhalten oder sich öfter aktiv zu Wort melden. Das eigene Verhalten ändern könnte aber auch viel weiter gehen. Sie könnten beispielsweise beschließen, keine weitere Energie in diesen Konflikt zu investieren und die Situation grundsätzlich zu verlassen, sich zu trennen, sich eine neue Arbeit zu suchen, sich mit anderen Freunden zu umgeben oder sich andere Kooperationspartner zu wählen.

Beim dritten Weg entscheiden Sie sich für eine direkte Klärung mit dem anderen. Das ist nicht immer sinnvoll und auch nicht immer möglich. Wer zum Beispiel unter einem narzisstischen Vorgesetzten leidet, wie wir es im Kapitel 4.1.3 beschrieben haben, sollte sorgfältig abwägen, ob es nicht andere Wege gibt, den Konflikt zu lösen. Aber wenn die Sache oder die Beziehung zum anderen uns eine Klärung wert ist und wir uns für ein Klärungsgespräch entscheiden, dann sollten wir es auch richtig machen.

5.2.4 Konflikte im Dialog klären

Was muss man beachten, wenn man einen Konflikt im Dialog konstruktiv klären will? Welche Anforderungen werden dabei an die Persönlichkeit gestellt, und welche Methoden und Werkzeuge können helfen? Wir unterscheiden hier vier Anforderungen, auf die wir jeweils ausführlicher eingehen möchten. Man sollte eine Störung aufgreifen – aber nicht dramatisieren, Konfliktausbruch und Konfliktbearbeitung trennen, Kritisches auf konstruktive Weise ansprechen und im Gespräch systematisch vorgehen können.

Die Störung aufgreifen – aber nicht dramatisieren

Gefühle, die eine Meinungsverschiedenheit zum Streit und einen Interessengegensatz zum Konflikt werden lassen, entstehen oft spontan. Konflikte kommen dann in ihrer ganzen Wucht und Emotionalität unvorbereitet auf den Tisch. Auch wenn das für die Beteiligten nicht unbedingt angenehm ist, kann der Ausdruck heftiger Gefühle positive Wirkungen haben: Einerseits können auf diese Weise innere Spannungen abgebaut werden. Aus der psychosomatischen Medizin weiß man, wie schädlich unterdrückte und zurückgehaltene Emotionen wirken können. Andererseits erhält die Angelegenheit dadurch Gewicht und Bedeutung. Wenn Mitarbeiter ihrem Ärger Luft machen, spürt der Vorgesetzte, dass eine Klärung wichtig wird, auch wenn sie ihm vielleicht lästig ist. Ein Donnerwetter oder ein reinigendes Gewitter kann also helfen, aus dem Trott gewohnter Verhaltensmuster auszusteigen und ernsthaft nach neuen Lösungen zu suchen. Aus der Lernforschung weiß man, dass sich die Bereitschaft, etwas aufzunehmen und sich damit auseinanderzusetzen, deutlich erhöht, wenn die Situation emotional aufgeladen ist. Sie haben sicher auch selbst schon die Erfahrung gemacht, dass Sie sich besonders gut an Ereignisse erinnern, bei denen Sie mit Ihren Gefühlen stark beteiligt waren.

Der plötzliche unkontrollierte Ausdruck von Gefühlen hat aber auch seinen Preis, ist in vielen Situationen heikel und in manchen Kulturen nahezu unmöglich oder tabu. Viele Menschen sind im Umgang mit heftigen Gefühlen ungeübt, unangenehm berührt oder beängstigt. Wenn Sie Ihr Gegenüber aufrütteln, aber nicht gleich völlig verstören wollen, wenn Sie etwas Wichtiges ausdrücken, aber nicht gleich gegen alle Normen und Spielregeln verstoßen wollen, muss die Dosis für den Empfänger angemessen und verkraftbar sein. Wir brauchen also neben der Fähigkeit, unsere Gefühle auszudrücken, auch die Fähigkeit, sie zu kontrollieren. Eine Form der Kontrolle wäre, sie zurückzuhalten, eine andere wäre, sie in eine verträgliche Sprache zu bringen. Bei normaler Konfliktlage, das heißt bei geringer bis mittlerer Betroffenheit, gilt als Faustregel, Gefühle lieber mit Worten auszudrücken, als sie auszuleben: «Es ist ärgerlich für mich, wenn Sie mich nicht rechtzeitig informieren» – anstatt den anderen vor Ärger anzubrüllen, mit der Faust auf den Tisch zu schlagen oder wütend die Tür zuzuknallen. Man kann mit etwas Zeit und Übung lernen, auch schwierige Dinge so in Worte zu fassen, dass andere nicht entwertet oder beschädigt werden. Das methodische Rüstzeug hierzu beschreiben wir im nächsten Abschnitt.

Konfliktausbruch und Konfliktbearbeitung trennen

Wenn wir allerdings stark betroffen und wütend sind, gelingt es nicht immer, sich zurückzuhalten. Dann kann es passieren, dass wir unsachlich und ungerecht werden und eine Ausdrucksweise benutzen, die die sonst geltenden Konventionen und Spielregeln des Miteinanders verletzen. Dabei geraten wir in Gefahr, im Affekt überstürzte und unangemessene Entscheidungen zu treffen, Beziehungen zu gefährden oder den Spielraum für Lösungen unnötig einzuschränken.

Um in der Hitze des Gefechts keine Türen zuzuschlagen, die sich später nicht mehr öffnen lassen, brauchen wir die Fähigkeit innezuhalten, bevor der Streit eskaliert und die Fronten sich verhärten. In einem Zustand innerer Erregung findet man keine konstruktiven Lösungen. Beide Seiten brauchen Abstand, um Gefühl und Verstand wieder in die Balance zu bringen und in den Vollbesitz ihrer geistigen Kräfte zurückzufinden. Bei kleineren Streitigkeiten reicht es manchmal schon aus, das Gespräch kurz zu unterbrechen, damit alle Beteiligten ruhig durchatmen und ihr Handeln wieder rational kontrollieren können.

Bei größeren Schwierigkeiten oder bei besonders wichtigen Verhandlungen sollte man das Gespräch vertagen. Der Volksmund rät, wichtige Entscheidungen zu überschlafen. Wir empfehlen, sich noch in der Situation des Streits für die weitere Klärung zu verabreden: «O. K., das musste mal raus, tut mir leid, wenn ich jetzt etwas heftig geworden bin, aber das Thema ist mir doch zu wichtig, um es jetzt im Affekt zu klären. Dafür würde ich mir gerne mehr Zeit nehmen und die Angelegenheit vor allem in Ruhe und mit etwas Abstand besprechen. Sind Sie einverstanden?» Bildlich gesprochen müssen die Beteiligten also aus den Niederungen des Kampfgetümmels auf den Feldherrenhügel steigen, um von dort das Kampfgeschehen mit Abstand zu überblicken und gemeinsam Lösungen zu finden.

Wenn es nicht gelingt, den Rahmen für eine Klärung direkt zu vereinbaren, und die Beteiligten im Ärger auseinandergehen, muss einer im Nachhinein die Initiative ergreifen. Das bedeutet für manche Menschen eine kleine Überwindung ihres Stolzes und wird daher oft versäumt.

Kritisches konstruktiv ansprechen

Damit der Dialog im Konflikt gelingen kann, sollten wir in der Lage sein, Kritisches so anzusprechen, dass der andere dadurch nicht entwertet wird. Neben der inneren Bereitschaft braucht man dazu auch methodisches Handwerkszeug fürs Gespräch. Wir möchten Ihnen besonders zwei Methoden ans Herz legen:

Ich-Aussagen

Die erste Methode gilt für alle Gesprächssituationen und enthält eine wesentliche Erkenntnis der Kommunikationspsychologie. Wir möchten sie an einem Beispiel erklären. Stellen Sie sich folgende Situation vor: Sie haben zu Hause die Vereinbarung, dass der 15-jährige

Sohn am Sonntagmittag den Abwasch macht. Direkt nach dem Essen steht er auf und teilt noch mit, dass er jetzt zum Sport müsse. Es gibt viele verschiedene Möglichkeiten, die Sache anzusprechen. Direkt, aber wenig konstruktiv wäre: «Du fauler und unzuverlässiger Kerl, du drückst dich, wo du nur kannst.» Vielleicht fallen Ihnen die vielen Du's in dem Satz auf. Du-Aussagen wirken beschuldigend und erzeugen leicht Abwehr und Rechtfertigung: «Was kann ich dafür, wenn das Essen so spät auf den Tisch kommt. Ich kann mir doch nicht den ganzen Nachmittag für den Abwasch freinehmen.»

Im Unterschied dazu kann man mit **Ich-Aussagen** Stellung nehmen, ohne den anderen anzugreifen: «Ich bin ärgerlich, dass der Abwasch wieder an mir hängen bleiben soll. Was ist dein Vorschlag?» Mit der **Zusatzfrage nach einem Vorschlag** fordert man den anderen auf, konstruktiv an einer Lösung mitzuarbeiten. Natürlich gibt es keine Garantie für einen Erfolg, aber die Kombination aus der Ich-Aussage «Mich stört …» und dem Zusatz «Wie könnten wir das Problem lösen, was schlägst du vor?», ist ein recht einfaches Vorgehen, mit dem man sein Gegenüber mit in die Verantwortung für eine Lösung einbindet.

Das Entwicklungsdreieck

Neben den Ich-Aussagen und der Aufforderung zur Beteiligung an der Konfliktlösung gibt es ein weiteres methodisches Vorgehen, mit dem man Kritisches konstruktiv ansprechen kann. Dabei unterscheiden wir drei Perspektiven:

Die erste Perspektive betrifft **das kritische und störende Verhalten**. Was ärgert mich, was stört mich genau? In unserem Beispiel stört vielleicht besonders, dass der Sohn aus dem Haus geht, ohne sich abzustimmen. Oder dass er sich immer wieder erfolgreich um den Abwasch drückt.

Bei der zweiten Perspektive versucht man, den **positiven Kern** des kritischen Verhaltens ausfindig zu machen: Welche Fähigkeiten stecken in diesem Verhalten? Was muss man können, um sich so zu verhalten? Im Geiz steckt Sparsamkeit, im Chaos steckt die Kreativität, in der Rücksichtslosigkeit steckt die Fähigkeit, sich durchzusetzen usw. Man kann im Prinzip jedes kritische Verhalten als Übertreibung einer im Grunde guten Eigenschaft auffassen (vgl. Schulz von Thun 1989, S. 38 ff.).

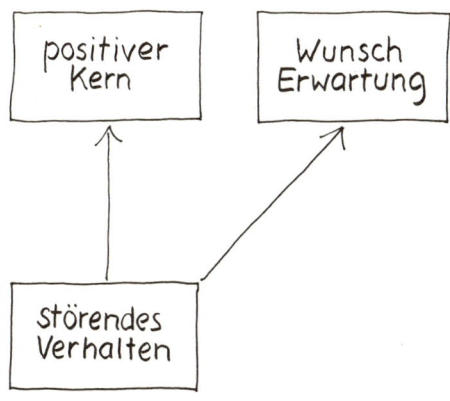

Das Entwicklungsdreieck

Versuchen Sie es einmal mit einer eigenen schlechten Eigenschaft und suchen Sie den positiven Kern, der darin steckt. Vielleicht können Sie dieser negativen Eigenschaft mit etwas humorvoller Distanz auch etwas Positives abgewinnen. Auf diese Weise verändert sich die Bewertung. Sie werden vermutlich bemerken, dass diese Sicht hilft, sich milder und angemessener zu bewerten. Wenn Sie so die Geschichte mit dem Sonntagsabwasch betrachten, könnte man mit etwas Wohlwollen in dem kritischen Verhalten des Sohnes – er drückt sich und macht, was er will – auch positive Aspekte entdecken: Er verhält sich sehr eigenständig und durchsetzungsstark.

Die dritte Perspektive bringt auf den Punkt, was wir vom anderen erwarten oder uns wünschen. Im Falle des liegen gebliebenen Abwaschs hieße das vielleicht, dass Vereinbarungen verbindlich eingehalten werden und dass der Sohn auch die Interessen der anderen berücksichtigt.

Zur Gesprächsvorbereitung für ein Kritikgespräch – egal, ob im beruflichen oder im privaten Umfeld – empfehlen wir Ihnen, alle drei Aspekte kurz schriftlich zu formulieren. Zum Beispiel: «Du bist inzwischen erwachsen, und ich finde es gut, dass du so viele Dinge selbständig regelst und entscheidest (positiver Kern). Ich ärgere mich aber darüber, wenn du unsere Vereinbarungen nicht einhältst (störendes Verhalten). Ich wünsche mir (erwarte) von dir, dass du nicht nur deine eigenen Termine im Blick hast, sondern auch meine Seite berücksichtigst und deine Zusagen verbindlich einhältst.»

Diese vorformulierten Sätze sollen im Gespräch nicht wörtlich heruntergespult werden. Im konkreten Dialog reagiert man besser situationsbezogen. Die Vorbereitung können Sie aber als inneren Leitfaden und als Merkhilfe nutzen.

Im Gespräch systematisch vorgehen

Wenn Sie sich entscheiden, den Konflikt im Dialog zu klären, sind Sie nach einer mehrperspektivischen Analyse (siehe 5.2.2) schon ziemlich gut vorbereitet. Dann brauchen Sie «nur noch» etwas Handwerkszeug, um das konkrete Gespräch erfolgreich zu führen. Im Folgenden zeigen wir Ihnen eine idealtypische Schrittfolge für Konfliktklärungsgespräche. Sie besteht aus vier Schritten:

1. Prägnant einsteigen
2. Situation und Ziele herausarbeiten
3. Lösungen entwickeln
4. Transfer sichern

1. Prägnant einsteigen

Zunächst geht es darum, den Boden für eine Klärung zu bereiten. In einem Konflikt sollten Sie nicht davon ausgehen, dass auch der andere an einer Klärung interessiert ist. Wahrscheinlich wissen Sie von sich selbst, dass man wenig Lust verspürt, Zeit mit dem anderen zu verbringen oder gar über persönliche Dinge zu sprechen, wenn die Beziehung durch einen Konflikt beeinträchtigt ist. Der Beginn einer Klärung besteht also im Werben um die Klärungsbereitschaft: «Ich würde gern mit dir über das Thema xy sprechen ... über unsere Aufgabenverteilung ..., über unseren Streit gestern ..., unsere Zusammenarbeit ..., unser Zusammenleben. Wann passt es dir?» Am besten wählen Sie eine möglichst neutrale Formulierung, um den anderen nicht gleich bei der Verabredung zu beleidigen. Es würde unnötig Widerstand hervorrufen, wenn Sie die Einladung zum Gespräch gleich mit einem Vorwurf garnieren, wie zum Beispiel: «Ich würde gern mit dir über deine Unpünktlichkeit sprechen ... über deine Unzuverlässigkeit ... deinen Fehler ... deine Dominanz ... oder deinen Egoismus.»

Wenn Sie den anderen für ein Gespräch gewinnen und Sie schließlich zusammensitzen, ist es Ihre Aufgabe, als Initiator das Gespräch zu beginnen. Kommen Sie besonders bei einem ernsten Konflikt zügig zur Sache und reden nicht lange um den heißen Brei herum – der andere bekommt sonst das Gefühl, als werde er erst eingeseift, um dann später umso besser barbiert zu werden.

Es geht zunächst nur darum, den Motor anzuwerfen und das Gespräch so weit in Gang zu bringen, bis Ihr Partner Interesse hat einzusteigen. Vielleicht sitzen Sie auf einer langen Liste von ärgerlichen Vorfällen, die sie dem anderen am liebsten alle auf einmal an den Kopf werfen würden. Zu Beginn sollten Sie aber vermeiden, mehrere Kritikpunkte gleichzeitig zu benennen und schon zu sehr ins Detail zu gehen. Ein einfacher und prägnanter Gesprächseinstieg verbindet drei Aspekte: Schildern Sie in wenigen, möglichst vorwurfsfreien Sätzen die Situation, über die Sie reden möchten, und was Sie persönlich stört. Achten Sie dabei auf **Ich-Aussagen** und **Formulierungen, die in die Zu-**

kunft weisen, wie etwa: «Mich stört, dass wir oft unabgestimmt nebeneinanderher arbeiten. Ich würde gern mit dir das weitere Vorgehen besprechen … unsere Meinungsverschiedenheit klären … eine Lösung finden … usw. …» Dann stellen Sie eine **öffnende Frage**, die den anderen in die Verantwortung holt: «Wie siehst du die Situation?»

2. Situation und Ziele herausarbeiten

In dieser Phase sollen beide Gesprächspartner die Gelegenheit bekommen, ihre Sicht der Dinge, ihre Wünsche, (Rollen-)Erwartungen und Interessen ausführlich darzulegen und zu begründen: Worum geht es dir, worum geht es mir? Je stärker beide Seiten persönlich betroffen sind, desto wichtiger ist es, das Gespräch zu entzerren und sich an die Spielregel zu halten: Erst der eine, dann der andere. Versuchen Sie, Ihren Partner sprechen zu lassen und ihm zuzuhören, auch wenn sich Ihre Faust in der Tasche ballt. Sie werden noch Gelegenheit haben, Ihre Sicht darzulegen. Jedes frühe «Ja – aber» würde bedeuten: «Ich weiß es besser.» Das heizt den Konflikt nur weiter an und führt zu keiner Klärung. Die Herausforderung besteht vielmehr darin, die eigene Meinung zurückzuhalten und stattdessen zu begreifen, was den anderen bewegt und für eine kurze Zeit die Welt aus seiner Perspektive zu sehen. Der Gruppenleiter Herr Dr. A. hätte sich in einem Konfliktklärungsgespräch für die Perspektive seiner Kollegen interessieren können. Er hätte ihre Ängste, Vorbehalte und Widerstände verstehen können, ohne ihnen deswegen recht geben zu müssen. **Verstehen bedeutet nicht akzeptieren oder gutheißen.** Dasselbe gilt für Ziele, Wünsche und Erwartungen. Herr Dr. A. hätte die Wünsche und Rollenerwartungen der Mitarbeiter und seines Vorgesetzten herausfinden können, ohne sie deshalb erfüllen zu müssen. Es gilt eben nicht «Dein Wunsch sei mir Befehl».

Je tiefer und destruktiver ein Konflikt erlebt wird, desto schwerer fällt diese Gesprächsphase. Wir möchten einen Standpunkt, den wir zutiefst für falsch halten, nicht nachvollziehen und nicht unwidersprochen stehen lassen. Verstehen ist aber die Voraussetzung für Verständigung. Wenn Sie in Vorleistung gehen und Ihr Partner sich wirklich von Ihnen verstanden fühlt, wächst meistens auch seine Bereitschaft, sich für Ihre Sicht zu interessieren. Andernfalls können Sie ihn dazu auffordern. «Ich denke, ich hab verstanden, wie du die Sache siehst, was dich stört und worum es dir geht. Jetzt bitte ich dich, auch meine Sicht nachzuvollziehen.» Wenn er Sie zu oft mit «Ja – aber»-Einwürfen unterbricht, legen Sie ruhig die Schallplatte mit Sprung auf: «Ich bitte dich, jetzt auch meine Sicht nachzuvollziehen. Danach können wir nach einer Lösung suchen, die unseren beiden Standpunkten gerecht wird.» Das kann man so oder mit ähnlichen Worten immer wieder sagen, bis Sie sich am Ende hoffentlich gegenseitig verstanden haben.

So weit die «reine Lehre». In der Praxis verlaufen die Gespräche allerdings meistens weniger strukturiert und höflich. Die wenigsten Menschen können bei emotionaler Betroffenheit ihre Situation zusammenhängend in allen Facetten darlegen und dann längere Zeit ausschließlich die verstehende Zuhörerposition einnehmen. Stattdessen verläuft das Gespräch in kleineren Etappen, in denen die gleichen Grundsätze gelten sollten: Einer stellt dar, der andere versucht zu begreifen. Nach wenigen Sätzen kann die Rollenverteilung wechseln. Dabei sollten Sie konsequent bleiben: Entweder Stellung nehmen und Farbe bekennen – oder zuhören, begreifen und sich einfühlen.

Wenn Sie eher zu den Menschen gehören, die gewohnt sind, sich nicht lange mit Problemen aufzuhalten und sofort auf die Lösungssuche zu gehen, bietet diese Gesprächsphase für Sie ein echtes Lernfeld.

3. Lösungen entwickeln

Wenn sich die Konfliktparteien gegenseitig verstanden haben, wenn neben ihren Empfindlichkeiten und Ärgernissen auch ihre Ziele, Wünsche und Rollenerwartungen deutlich geworden sind, ist der schwierigste Teil der Konfliktklärung bewältigt. Auch wenn es nach wie vor Interessengegensätze, unterschiedliche Auffassungen und Ziele geben kann, hat sich etwas verändert. Nachdem beide Seiten die Welt mit den Augen des anderen gesehen haben, ist sie nicht mehr wie vorher. Wer sich eingefühlt hat, wird milder. Wer sich verstanden gefühlt hat, wird konstruktiver. Wenn die letzte Phase geglückt ist, wächst die Bereitschaft zur Verständigung, zu Rücksichtnahme, Kompromissen und Zugeständnissen. Damit sind die Voraussetzungen für den nächsten Schritt erfüllt, und es wird möglich, Lösungen zu finden, die beiden Parteien gerecht werden. Zunächst sollten Sie wie beim **Brainstoming** möglichst viele Lösungsvorschläge sammeln, ohne sie gleich zu bewerten. Wenn eine Partei beginnt, bei der Bewertung der Lösungen mit Blick auf die eigenen Interessen zu taktieren, könnte die nächste Ja-aber-Streitrunde entstehen. Dann vertritt eine Partei die eine Lösung und die andere Partei eine Alternativlösung. Um das zu verhindern, sollten Sie **jede Lösung gemeinsam** aus beiden Perspektiven **bewerten:** Was bedeutet Lösung A für deine Interessen, was bedeutet sie für meine Interessen? Was spricht für Lösung A aus deiner Sicht und aus meiner Sicht usw. Keine Partei soll als Verlierer herausgehen.

Dann treffen Sie eine **Entscheidung:** Welche Lösung ist angesichts der besprochenen Umstände und Interessen am besten geeignet, beiden Seiten gerecht zu werden? Danach konkretisieren Sie die **Umsetzung:** Was vereinbaren wir konkret? Welche Veränderungen beschließen wir? Wer macht was bis wann? Wenn Sie noch keine Lösung gefunden haben, vereinbaren Sie, wie Sie bei der Lösungssuche weiter vorgehen wollen. Vielleicht müssen Sie jemanden hinzuziehen, der den Konflikt «qua Amt» oder aufgrund größerer Erfahrung entscheiden kann. Vielleicht brauchen Sie aber auch nur einen neutralen Dritten, der bei der Lösungssuche hilft. Manchmal braucht es auch etwas Zeit, in der beide Seiten die verschiedenen Lösungsmöglichkeiten nochmal in Ruhe und mit Abstand abschmecken und vielleicht ergänzen können.

Am Ende ist wichtig, die erzielten Ergebnisse noch einmal zu überprüfen: Wird das, was wir beschlossen haben, auch funktionieren? Haben wir an alles gedacht? Wie sichern wir die erfolgreiche Umsetzung? Welche Hindernisse müssen wir noch ausräumen? Wann wollen wir uns wiedertreffen?

Um die Ergebnisse auch auf der Beziehungsebene zu sichern, lohnt es sich, in einen guten Gesprächsabschluss zu investieren. Hierfür eignen sich ein Fazit und Feedback zum Gespräch: Wie war dieses Gespräch für Sie? Wie war es für mich? Wie konstruktiv, wie ehrlich, wie ergiebig, wie hilfreich? Versuchen Sie, die konstruktiven Momente des Gesprächs zu würdigen: «Ich danke für Ihre Gesprächsbereitschaft, … ich schätze Ihre Offenheit, … ich habe inzwischen verstanden …, ich bin froh, dass deutlich wurde … usw.»

In den letzten drei Abschnitten (5.2.2 bis 5.2.4) haben wir jeweils die speziellen Herausforderungen beim Wahrnehmen, Analysieren und Klären von Konflikten beschrieben. Wenn Sie eine neue Einstellung zu Konflikten oder ein neues Konfliktverhalten lernen wollen, brauchen Sie Übung und viele Wiederholungen. Sie müssten also die Disziplin aufbringen, Konflikte immer wieder sorgfältig zu analysieren und Klärungsgespräche systematisch zu führen, hinterher kritisch auszuwerten und sich immer wieder auch ein Feedback zu Ihrem Konfliktverhalten geben lassen. Was Sie sonst noch tun können, um sich beim Dranbleiben zu unterstützen, haben wir ausführlich im Kapitel über Motivation (3.2) beschrieben. Wenn Sie merken, dass Sie immer wieder in dieselben Konflikte geraten oder einen ewig schwelenden Konflikt nicht lösen können und mit den Bordmitteln zum Selbstcoaching auch nicht weiterkommen, scheuen Sie sich nicht, sich eine professionelle Beratung oder Therapie zu gönnen. Mit einem professionellen Berater ist es oft leichter, alte Verhaltensmuster aufzulösen, neue zu finden und vor allem auch zu stabilisieren. Der Einsatz lohnt sich eigentlich immer. Falls Sie daran zweifeln, brauchen Sie sich nur einmal vorzustellen, wie viel Lebenszeit und Lebensenergie Sie gewinnen, wenn es Ihnen gelingt, den Konflikt oder die Konfliktthemen dauerhaft zu lösen.

5.3 Übungen zum Selbstcoaching

Die folgenden Übungen sollen Ihnen helfen, Ihren Umgang mit Konflikten zu erkennen und zu verändern. Vielleicht haben Sie schon beim Lesen des Kapitels Ideen bekommen, welchen Aspekt Sie gern für sich vertiefen möchten. Dann können Sie anhand der Überschriften und Kurzbeschreibungen entscheiden, welche Übung Sie nutzen wollen. Wenn Sie bereits die Übungen zu den vorausgehenden Kapiteln gemacht haben, wird Ihnen die Methodik und Systematik des Vorgehens inzwischen schon vertraut sein.

Die Übungen im Überblick

Übung 5.3.1 Prägende Erfahrungen im Umgang mit Konflikten – Konfliktpanorama
Übung 5.3.2 Konfliktkompetenzen und Lernfelder
Übung 5.3.3 Positive Modelle im Umgang mit Konflikten
Übung 5.3.4 Werte und Einstellungen im Umgang mit Konflikten
Übung 5.3.5 Feedback zum Umgang mit Konflikten
Übung 5.3.6 Aktuelle Konflikte – Standortbestimmung
Übung 5.3.7 Analyse eines konkreten Konflikts
Übung 5.3.8 Zielformulierung in einem konkreten Konflikt
Übung 5.3.9 Kritisches konstruktiv ansprechen

Übung 5.3.1 Prägende Erfahrungen im Umgang mit Konflikten – Konfliktpanorama

 Einzelübung: In dieser Übung können Sie sich bewusst machen, welche Erfahrungen im Umgang mit Konflikten für Sie prägend waren.

1. Gehen Sie in Gedanken durch die unterschiedlichen Lebensabschnitte und schreiben Sie sich einige markante Konflikte auf, an denen Sie selbst beteiligt waren:
- in der Kindheit, im Elternhaus, in der Nachbarschaft und Verwandtschaft, im Kindergarten und in der Vorschule …,
- in der Jugend, in der Schulzeit, in Vereinen und Jugendgruppen …,
- in der Ausbildung, in Lehre und Studium, vielleicht auch bei der Bundeswehr …,
- im Beruf, bei Projekten oder in Weiterbildungen …,
- im Privatleben, mit Freunden, Verwandten, Lebenspartnern, Kindern …

2. Teilen Sie nun Ihr Leben gedanklich in drei gleich große Zeitblöcke ein, und wählen Sie spontan für jeden Zeitblock zwei bis drei Konflikte aus, die für Sie bedeutsam oder typisch waren.

3. Beginnen Sie bei den ausgewählten Konflikten mit dem Konflikt, der am kürzesten zurückliegt. Beantworten Sie sich folgende Fragen:
- Worum ging es bei diesem Konflikt? Um welche Ziele habe ich gerungen? Welche wichtigen Bedürfnisse waren berührt?
- Wie habe ich mich während des Konflikts gefühlt?
- Wie habe ich mich verhalten? Welche Mittel habe ich eingesetzt?
- Habe ich meine Wünsche und Erwartungen ausgedrückt? Konnten die Beteiligten merken, was mich wirklich bewegt und was ich erreichen will?

- Welche Wirkungen wollte ich erzielen, und was habe ich tatsächlich bewirkt? Wozu hat der Konflikt geführt?
- Wie hat sich mein Konfliktpartner verhalten? Was kann ich von ihm lernen? Wovon grenze ich mich ab?

4. Dann stellen Sie sich die gleichen Fragen für alle weiteren Konflikte, die Sie ausgewählt haben.

5. Ziehen Sie ein Fazit, indem Sie sich folgende Fragen beantworten:
- Gibt es wiederkehrende Konfliktkonstellationen? In welche Konflikte gerate ich immer wieder? Was ist das Typische an diesen Konflikten? Worum geht es dabei?
- Mit welchen Personen gerate ich immer wieder aneinander? Was ist das Typische an diesen Personen und an ihrem Verhalten?
- Gibt es eine für mich typische Art, mit Konflikten umzugehen? Wie spreche ich sie an? Wodurch vermeide und wie fördere ich Klärungen?
- Was sind meine Stärken im Umgang mit Konflikten? Was möchte ich lernen?

 Im Dialog: Erzählen Sie Ihrem Übungspartner von Ihren bedeutsamen Konflikten, von typischen Konfliktkonstellationen, von Ihrer Art, mit Konflikten umzugehen, Ihren Stärken und Lernwünschen. Der Übungspartner hört zu und fragt interessiert nach, ohne Ratschläge zu geben.

5.3.2 Konfliktkompetenzen und Lernfelder

In der Übung 5.3.1 haben Sie sich bereits gefragt, welche Stärken Sie im Umgang mit Konflikten haben und welche Lernfelder Sie sehen. Die Suche nach Stärken und Entwicklungsthemen können Sie mit einem kleinen Fragebogen noch vertiefen.

Wie gut kann ich …	sehr gut	gut	weniger gut
… Konflikte wahrnehmen und ernst nehmen?			
… Polarisierungen und Teufelskreise frühzeitig erkennen?			
… Konflikte im Kontext von Rollen und Aufgaben verstehen?			
… im Konflikt den Überblick behalten?			
… mich in die andere Seite einfühlen?			
… der anderen Seite zuhören?			
… heikle Dinge offen benennen?			
… Kritisches konstruktiv ansprechen?			
… Spannungen und vorläufige Lösungslosigkeit aushalten?			
… mich und meine Situation erklären?			
… über meine Gefühle sprechen?			
… meine Interessen vertreten?			
… mich durchsetzen			
… vom Problem ablassen und zur Lösungssuche übergehen?			
… nach fairen Lösungen suchen?			
… im Konflikt vermitteln?			
… auf Vergeltung verzichten?			
… nachgeben?			
… verzeihen?			
… mich entschuldigen und um Verzeihung bitten?			

Übung 5.3.3 Positive Modelle im Umgang mit Konflikten

 Einzelübung: In dieser Übung machen Sie sich bewusst, was Sie von anderen Menschen im Umgang mit Konflikten lernen können.

Wählen Sie aus Ihrem privaten Bekanntenkreis sowie aus Ihrem beruflichen Umfeld jeweils drei Personen aus, die über positive Fähigkeiten im Umgang mit Konflikten verfügen. Das müssen keine Idealbilder sein. Es reicht, wenn sie einzelne Aspekte dessen beherrschen, was wir als Konfliktfähigkeit beschrieben haben bzw. was Sie gerne lernen möchten. Dann überlegen Sie für jede Person:

- Was kann sie besonders gut? Für welches Verhalten ist sie Modell?
- Was möchte ich von dieser Person lernen?
- Was möchte ich anders machen?

 Im Dialog: Erzählen Sie Ihrem Übungspartner, was Sie von welchem Modell lernen möchten und bei welchen Gelegenheiten Sie dieses Verhalten gut gebrauchen könnten. Dann überlegen Sie gemeinsam, wie Sie dieses Verhalten am besten lernen könnten.

Übung 5.3.4 Werte und Einstellungen im Umgang mit Konflikten

 Einzelübung: Mit dieser Übung können Sie sich Ihre Werte, Einstellungen und Überzeugungen zum Thema Konflikte bewusst machen.

1. Vervollständigen Sie zunächst spontan die folgenden angefangenen Sätze:
- Konflikte sind …
- Konflikte bewirken …
- Konflikte enden …
- Konflikte hindern …
- Konflikte kosten …
- Konflikte sollte man …
- Konflikte helfen …

Wenn Sie auf eine innere Haltung treffen, die Sie gerne auflösen wollen, empfehlen wir Ihnen die Übung 3.3.9 «Hinderliche Einstellungen ändern».

2. Dann überlegen Sie sich:
- Welche Spielregeln sollten im Umgang mit Konflikten eingehalten werden?
- Welche Werte und Einstellungen im Umgang mit Konflikten finde ich wichtig?

Zur Beantwortung dieser beiden Fragen stellen Sie sich vor, Sie sollen dem zehnjährigen Sohn eines Freundes in wenigen Minuten erklären, an welchen Normen und Werten sich das Verhalten in Konflikten orientieren sollte. Verwenden Sie dabei nur Argumente, die Sie wirklich richtig finden.

 Im Dialog: Erzählen Sie Ihrem Übungspartner von Ihren Werten und Einstellungen zu Konflikten und schildern Sie Beispiele aus Ihrem Alltag, an denen diese Werte sichtbar werden.

Übung 5.3.5 Feedback zum Umgang mit Konflikten

Einzelübung: Mit dieser Übung können Sie Ihre Selbsteinschätzung zum eigenen Umgang mit Konflikten überprüfen und Anregungen zur Entwicklung bekommen. Feedback ist nur hilfreich, wenn es zugleich aufrichtig und wohlwollend formuliert wird. Außerdem sollte es so konkret sein, dass Sie auch verstehen können, was gemeint ist.

Bevor Sie andere um ein Feedback bitten, sollten Sie sich deshalb überlegen, wie Sie sich in dieser Frage selbst einschätzen, was Sie genauer wissen wollen und wem Sie ausreichend Vertrauen entgegenbringen, um über diese Frage offen zu reden.

Betrachten Sie dazu noch einmal die Ergebnisse aus den ersten beiden Übungen in diesem Kapitel:

- Was sind meine Stärken und Ressourcen, wo sind meine Schwächen und Lernfelder?
- Welche Frage interessiert mich besonders?
- Wer aus meiner Umgebung könnte etwas zu diesem Thema sagen?
- Zu wem habe ich Vertrauen, um darüber offen zu reden?

Wenn Ihnen keine geeignete Person einfällt, die Sie um Feedback bitten möchten, lassen Sie diese Übung lieber aus, als sich an jemanden zu wenden, dem Sie nicht ausreichend vertrauen.

 Im Dialog: Erklären Sie dem Übungspartner, warum Sie eine Rückmeldung wünschen, und geben Sie ihm etwas Zeit zum Nachdenken. Im Gespräch sollten Sie mit Ihrer Selbsteinschätzung beginnen.

Die konkreten Fragen an den anderen können dann zum Beispiel sein:

- Wie erlebst du mich im Umgang mit Konflikten? Was sind aus deiner Sicht meine Stärken, und was müsste ich dazulernen oder entwickeln? Was passt zu meiner Selbsteinschätzung – wo siehst du mich anders?
- Welche Ideen hast du darüber, wie ich mich weiterentwickeln könnte? Was müsste ich konkret anders machen? Woran würdest du merken, dass ich auf dem Weg bin, es zu lernen?
- Wie könnte ich meine Stärken und Kompetenzen besser zeigen?

Wenn Sie die Rückmeldung bekommen, sollten Sie ruhig zuhören. Versuchen Sie nicht, sich zu rechtfertigen oder die Sichtweise Ihres Partners zu korrigieren. Es geht nicht um Wahrheit, sondern nur um die subjektive Sichtweise des anderen. Wenn Sie nicht genau verstehen, was dieser meint, fragen Sie jeweils nach, was Sie konkret anders oder besser machen könnten.

Schließen Sie das Gespräch mit einem Fazit ab, welche Aspekte neu und interessant für Sie waren. In jedem Fall sollten sie die Bereitschaft Ihres Gesprächspartners anerkennen, Ihnen ein offenes Feedback zu geben.

Übung 5.3.6 Aktuelle Konflikte – Standortbestimmung

 Einzelübung: Mit dieser Übung können Sie sich bewusst machen, welche Spannungen, Ärgernisse und Konflikte Ihre Energie und Lebensfreude binden. Das können kleinere Reibungspunkte oder auch lange schwelende Konflikte sein.

1. Gehen Sie gedanklich durch die verschiedenen Lebensbereiche. Beachten Sie dabei, dass manche Konflikte mehrere Lebensbereiche gleichzeitig berühren. Zum Beispiel kann sich ein Ärger am Arbeitsplatz auch auf Ihre Gesundheit, Ihr Freizeitverhalten oder Ihre Beziehungen auswirken. Umgekehrt kann ein privater Konflikt, eine ungeklärte Wohn- oder Finanzsituation auch Ihre Arbeitsfähigkeit beeinträchtigen usw.

Beruf / Arbeit
Freizeit
Beziehungen
Gesundheit
Wohnen
Finanzen

- Wo gibt es in meinem Leben Spannungen, Störungen, Ärgernisse, Unklarheiten, Konflikte mit anderen, die mir Kraft und Energie rauben? Welche Lebensbereiche sind davon aktuell betroffen?

2. Überlegen Sie für jeden einzelnen Konflikt:
- Welche Gedanken und Gefühle hindern mich, den Konflikt oder die Störungen anzugehen?

- Was würde es mich kosten, den Konflikt anzugehen (zum Beispiel an Überwindung, Ärger, Zeit oder Energie)?
- Was würde es mich kosten, diesen Konflikt ungeklärt zu lassen (zum Beispiel an Frustration, Zeit oder Energie)?

 Im Dialog: Berichten Sie Ihrem Übungspartner von Ihren wichtigsten Konflikten und von dem Aufwand, der mit einem Laufenlassen oder einer Klärung verbunden ist.

Übung 5.3.7 Analyse eines konkreten Konflikts

Einzelübung: Mit Hilfe dieser Übung können Sie eine konkrete Konfliktsituation nach den sechs Perspektiven analysieren, die wir in 5.2.2 «Konflikte wahrnehmen» beschrieben haben. Wählen Sie einen Konflikt aus, an dessen Lösung Sie besonders interessiert sind. Manchen Menschen fällt die Konfliktanalyse leichter mit einem Dialogpartner, der das Gespräch steuert und der geduldig weiterfragt, wenn Ihnen nicht sofort etwas einfällt. Wenn Sie die Analyse allein machen, beantworten Sie die Fragen zu den jeweiligen Perspektiven nach Möglichkeit schriftlich.

1. Im ersten Schritt betrachten Sie Ihre **eigene Situation**:
- Was stört mich eigentlich konkret? Worum geht es in diesem Konflikt genau (zum Beispiel um inhaltliche Differenzen, um Abläufe und Arbeitsorganisation, unterschiedliche Ziele, um die zwischenmenschliche Seite usw.)?
- Welche Gefühle löst diese schwierige Situation in mir aus (zum Beispiel Angst, Ärger, Wut, Enttäuschung, Ohnmacht, Trauer, Verzweiflung, Scham usw.)?
- Warum ist das eigentlich schlimm für mich? Auf welchen wunden Punkt, auf welche Empfindlichkeit trifft das bei mir?

- Was trage ich mit meinem eigenen Verhalten zur Eskalation des Konflikts bei? Womit gieße ich Öl ins Feuer?

Wenn der Konflikt bei Ihnen widerstreitende Gefühle auslöst, ist es hilfreich, sich die eigene innere Situation als Bild vom inneren Team vorzustellen, wie wir es in Kapitel 3.2.3 «Bedürfnis- und Zielkonflikte klären» beschrieben haben. Eine ausführliche Anleitung für diesen Schritt finden Sie in der Übung 3.3.8.

Mein inneres Team in diesem Konflikt

- Welche inneren Teammitglieder befinden sich im Widerstreit? Was sind ihre wichtigsten Argumente, die gehört werden müssen?

2. Betrachten Sie nun die äußere Situation der **Rahmenbedingungen, Rollen, Aufträge und Aufgaben:**
- Welche Rahmenbedingungen sind in diesem Konflikt wichtig?
- Wie sind die formalen Rollen, Aufträge und Aufgaben der Konflikt-parteien?

- Wer hat wem was zu sagen? Wer hat welche Befugnisse? Wer hat an wen welche (berechtigten) Rollenerwartungen?
- Wer ist an dem Konflikt noch beteiligt oder davon direkt oder indirekt betroffen? Welche offenen oder verdeckten Interessen spielen eine Rolle? Gibt es Personen, die aus dem Hintergrund die Fäden ziehen?
- Wie ist die Vorgeschichte des Konflikts? Wie hat alles angefangen?

3. Versuchen Sie jetzt, sich **in die andere Konfliktpartei einzufühlen**. Es geht dabei nicht um Fakten, sondern um Phantasien, die richtig oder auch falsch sein können. Versuchen Sie, für eine kurze Zeit die Welt mit den Augen des anderen zu betrachten – in dem Bewusstsein, dass es Ihre eigenen Gedanken und Phantasien sind.

Zunächst allgemein:
- Wie ist die Lebens- und Arbeitssituation des anderen?

Dann bezogen auf den Konflikt:
- Wie würde der andere den Konflikt beschreiben? Wie sieht er die Angelegenheit?
- In welcher Gefühlslage befindet er sich? Wie fühlt er sich von mir behandelt? Wie würde es mir an seiner Stelle gehen?
- Was sind seine Interessen? Worum geht es ihm? Was wünscht er sich? Was will er erreichen?

4. Mit der vierten Perspektive betrachten Sie typische und wiederkehrende **Interaktionsmuster** zwischen den Konfliktparteien:
- Durch welche typischen Verhaltensweisen wird der Konflikt hervorgerufen, aufrechterhalten oder verstärkt?
- Welche typischen Reaktionen werden dadurch beim anderen hervorgerufen?
- Gibt es sich selbst verstärkende Teufelskreise, in denen sich Verhalten und Gefühle wechselseitig und destruktiv verstärken?
- Gibt es Situationen und Umstände, in denen es Ihnen oder Ihrem

Konfliktpartner bereits jetzt gelingt, aus den typischen Konflikt-
mustern auszusteigen und sich anders zu verhalten?

5. Mit dem fünften Schritt können Sie versuchen, den **Sinn des Kon-
flikts** zu verstehen:
• Wer profitiert auf welche Weise von der Situation, wie sie jetzt ist?
  Wer hat welchen Vorteil davon, wenn alles so bleibt, wie es ist?
• Wofür ist es gut und nützlich, dass der Konflikt offengelegt wird?
  Was wird dadurch deutlich? Auf welche ungeklärten Themen weist
  der Konflikt hin? Welche Veränderungen können dadurch initiiert
  werden?

6. Mit der sechsten Perspektive der Situationsanalyse suchen Sie nach
Ressourcen für eine Lösung des Konflikts:
• Wer hat ein Interesse an der Lösung des Konflikts? Wer könnte zur
  Lösung des Konflikts beitragen?
• Wer hat bisher welche Lösungsversuche unternommen? Mit wel-
  chem Erfolg?
• Wer ist mir wohlgesinnt und könnte mich bei der Konfliktklärung
  unterstützen?
• Welche persönlichen Fähigkeiten und Stärken habe ich, die ich zur
  Lösung des Konflikts einsetzen kann?
• Gibt es Situationen, in denen der Konflikt nicht auftritt? Was ist in
  diesen Situationen anders? Wie verhalte ich mich in diesen Momen-
  ten? Wie schaffe ich das? Wie könnte ich mich öfters so verhalten?

7. Ziehen Sie am Ende der Situationsanalyse ein **Fazit**, was Sie nach die-
sen Erkenntnissen erreichen möchten und wie Sie mit der Situation
weiter umgehen wollen:
• Was ist mein Maximalziel, was würde ich am liebsten erreichen?
  Was ist mein Minimalziel, womit könnte ich gerade noch leben?
• Was könnte ich selbst zur Konfliktlösung anbieten und beitragen?
  Welche Unterstützung brauche ich von anderen?
• Welches Vorgehen erscheint im Moment am ehesten angebracht:

Meine eigene Einstellung und Haltung zum Konflikt ändern? Mein eigenes Verhalten verändern? Eine Klärung im Dialog suchen?

 Im Dialog: Wenn Sie die Analyse bis hierher allein vorgenommen haben, können Sie sie jetzt Ihrem Übungspartner vorstellen. Der andere hilft dabei, die Analyse auf Plausibilität hin zu überprüfen.

Übung 5.3.8 Zielformulierung in einem konkreten Konflikt

  Einzelübung oder im Dialog: Mit Hilfe dieser Übung können Sie Ihre Ziele aus der Übung 5.3.7 präzisieren. Ein Erfolg versprechendes Ziel sollte positiv, attraktiv, konkret-messbar, selbst-erreichbar und «ökologisch» sein. Versuchen Sie, Ihr Ziel so zu formulieren, dass es allen fünf Kriterien standhält. Das wird einige Mühe kosten. Sie werden aber merken, dass das Nachdenken anhand der Zielkriterien Sie schon in einen lösungsorientierten Zustand versetzt und dass Ihnen dabei wie von selbst erste Lösungsansätze einfallen. Wenn Sie die Übung allein machen, beantworten Sie die Fragen zu den jeweiligen Perspektiven nach Möglichkeit schriftlich:

Ist das Ziel positiv formuliert? Falls Ihr Ziel eine Verneinung enthält, finden Sie eine positive Formulierung, indem Sie sich fragen:
• Was möchte ich stattdessen? Was werde ich stattdessen tun?

Ist das Ziel attraktiv und motivierend?
• Was macht dieses Ziel reizvoll für mich?
• Was hätte ich für mich und mein Leben gewonnen? Welches wichtige Bedürfnis wäre dadurch erfüllt?

Ist das Ziel (selbst-)erreichbar?
- Ist das Ziel realistisch?
- Liegt die angestrebte Veränderung in meiner Macht und in meinem Einflussbereich?
- Was könnte mein eigener Beitrag zu dieser Veränderung sein?

Ist das Ziel «ökologisch» sinnvoll und verträglich?
- Mit welchen Wirkungen und Nebenwirkungen müsste ich rechnen, wenn ich dieses Ziel erreicht hätte?
- Was wäre der Preis? Was könnte schwieriger werden? Wer könnte Einwände haben?
- Passt das Ziel zu meinen Wertvorstellungen, meinem Selbstverständnis, meinen weiteren Zielen im Leben?

Ist das Ziel konkret-messbar?
- Was würde ich konkret tun? Wann, wo, mit wem?
- Woran würde ich selbst merken, dass ich mein Ziel erreicht habe – woran würden andere es merken?

Formulieren Sie am Ende Ihr Ziel noch einmal zusammenfassend mit wenigen Worten.

  Im Dialog: Der Übungspartner übernimmt die TÜV-Funktion. Er stellt die Fragen und notiert die Antworten, bis das Ziel Erfolg versprechend formuliert ist.

5.3.9 Kritisches konstruktiv ansprechen

Einzelübung: Mit dieser Übung können Sie sich auf ein Konfliktgespräch vorbereiten, in dem Sie Ihrem Gegenüber etwas Kritisches zu seiner Person mitteilen wollen. Dabei können Sie die Perspektiven des Entwicklungsdreiecks nutzen (vgl. 5.2.4):

1. Die erste Perspektive betrifft das kritische und störende Verhalten. Was ärgert mich, was stört mich genau?

2. Mit der zweiten Perspektive können Sie Ihre eigene Sicht etwas mildern, indem Sie entdecken, dass in dem störenden Verhalten auch **gute Aspekte** zu finden sind. Das Konfliktgespräch wird konstruktiver verlaufen, wenn Sie den anderen nicht in Bausch und Bogen für sein Verhalten verurteilen, sondern eine Wertschätzung für ihn aufbringen können. Betrachten Sie das störende Verhalten als Übertreibung einer im Grunde guten Eigenschaft. Diese Übung ist nicht ganz einfach, besonders wenn man verärgert ist und am anderen am liebsten kein gutes Haar lassen möchte. Wir möchten Ihnen jedoch versichern, dass es nahezu in jedem kritischen Verhalten einen positiven Kern zu entdecken gibt.
- Welcher positive Kern steckt in dem Verhalten, das mich stört?
- Welche Fähigkeiten braucht man, um sich so verhalten zu können?

3. Mit der dritten Perspektive bringen Sie ihre **Ziele und Wünsche** auf den Punkt. Formulieren Sie die Veränderung, die Sie sich wünschen bzw. die Sie vom anderen erwarten, in ein bis zwei Sätzen:
- Was wünsche ich mir vom anderen? Was erwarte ich genau? Woran würde ich merken, dass mein Wunsch / meine Erwartung erfüllt wird?

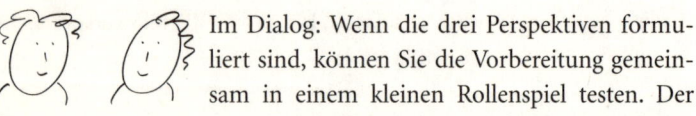 Im Dialog: Wenn die drei Perspektiven formuliert sind, können Sie die Vorbereitung gemeinsam in einem kleinen Rollenspiel testen. Der Übungspartner übernimmt die Rolle der Person, der Sie etwas Kritisches sagen wollen, hört sich die drei Perspektiven an und gibt hinterher ein Feedback. Dabei konzentriert er sich auf die drei Aspekte des Entwicklungsdreiecks: Wurde der positive Kern angesprochen und gleichzeitig das Kritische auf den Punkt gebracht? Wurden Wünsche und Erwartungen klar ausgedrückt?

6. Kleines Handwerkszeug zum Selbstcoaching

In den vorherigen Kapiteln haben wir Ihnen Selbstcoaching-Programme zu grundlegenden Themen der persönlichen Entwicklung beschrieben. Sie zielen darauf ab, sich in den persönlichen Eigenheiten, der eigenen Lerngeschichte, dem individuellen Erleben und Verhalten besser kennenzulernen, zu verstehen und ggf. zu verändern. Entsprechend breit und grundsätzlich sind die theoretischen Erklärungen, Anregungen und Übungen angelegt. Nicht jede Schwierigkeit und jedes Entwicklungsziel erfordert jedoch theoretisches Verständnis, eine umfassende Situationsanalyse oder eine Einordnung ins Lebensganze. In diesem Kapitel möchten wir Ihnen deshalb noch einmal in Form eines Leitfadens zusammenfassen, wie Sie schrittweise vorgehen können, wenn Sie durch Selbstcoaching **fokussiert** ein überschaubares Veränderungsziel erreichen wollen. Darüber hinaus möchten wir skizzieren, wie Sie eine **Selbstcoaching-Partnerschaft** aufbauen können, um sich gegenseitig bei Ihren Veränderungsvorhaben zu unterstützen.

6.1. Leitfaden zum Selbstcoaching

Vielleicht wollen Sie ein Projekt gut beenden oder sich bei potenziellen Kunden bekannter machen. Vielleicht wollen Sie aber auch den Konflikt mit einem Kollegen angehen oder lernen, sich jeden Tag ein wenig Zeit zu nehmen für etwas Freudvolles. Wenn Sie durch Selbstcoaching ein konkretes und überschaubares Veränderungsziel erreichen wollen, empfehlen wir Ihnen, in vier Schritten vorzugehen:

1. **Ziel definieren:** «Wo wollen Sie hin?» Sie beschreiben Ihr Ziel bzw. übersetzen Ihr aktuelles Problem in ein motivierendes Ziel.
2. **Ressourcen bewusst machen:** «Was können Sie nutzen?» Sie schauen auf Ihre Ausgangsbedingungen und machen sich bewusst,

welche Optionen und Ressourcen bereits vorhanden sind, um Ihr Ziel zu erreichen.

3. **Lösungen entwickeln:** «Wie wollen Sie vorgehen?» Sie entscheiden sich für konkrete Lern- und Entwicklungsschritte, um Ihr Ziel zu erreichen.

4. **Umsetzung sichern:** «Wie können Sie Ihren Weg vorbereiten?» Sie sorgen für motivierende Rahmenbedingungen und stellen sicher, dass Sie bei Ihrem Veränderungsvorhaben auch dann ‹am Ball bleiben›, wenn es schwierig wird und Durststrecken auftreten.

1. Ziel definieren

Im ersten Schritt bestimmen Sie die Richtung Ihrer gewünschten Veränderung und definieren ein entsprechendes Ziel: Wo wollen Sie hin? Was möchten Sie erreichen? Die folgenden Abschnitte helfen Ihnen, Ihr Ziel stimmig und zugleich motivierend zu gestalten.

Ziellandschaft entwerfen

Stellen Sie sich zunächst vor, wie Ihr Leben aussehen würde, wenn Sie Ihr Problem gelöst bzw. Ihr Ziel bereits erreicht hätten: Was wäre dann anders? Welche Veränderungen bemerken Sie?

Ziel prüfen und konkretisieren

- **Das Ziel positiv gestalten:** Beschreiben Sie Ihr Ziel positiv. Machen Sie sich klar, auf was Sie zusteuern möchten, was Sie anstreben, was Sie lernen möchten, was Sie verstärken wollen. Falls Ihnen nur eine negative Formulierung einfällt, fragen Sie sich, was Sie anstatt des negativen Zustands wollen. Wenn Sie zum Beispiel den Konflikt

216

mit Ihrem Kollegen nicht weiter eskalieren lassen wollen, könnte das positiv formuliert heißen: «Ich will den Konflikt mit meinem Kollegen klären» oder vielleicht auch: «Ich will zur Entspannung und zur Lösung dieses Konfliktes beitragen.»

- **Die motivierende Kraft des Ziels herausarbeiten**: Was hätten Sie für Ihr Leben gewonnen, und welches wichtige Bedürfnis wäre dadurch erfüllt?
- **Erkennen, was Sie selbst beeinflussen können**: Was könnte Ihr eigener Beitrag zu dieser Veränderung sein? Falls es zu Ihrem Ziel gehört, dass andere Menschen sich künftig anders verhalten: Welchen Beitrag können Sie selbst dazu leisten?
- **Innere Einwände beachten**: Mit welchen Wirkungen und Nebenwirkungen müssten Sie rechnen? Was wäre der Preis? Was könnte schwieriger werden? Wie passt das Ziel zu Ihren Wertvorstellungen, Ihrem Selbstverständnis und Ihren sonstigen Zielen im Leben?
- **Das Ziel konkretisieren**: Was wollen Sie genau? Bis wann und mit wem, wie oft, wie lange? Woran werden Sie merken, dass Sie Ihr Ziel erreicht haben?

Persönliche Herausforderung definieren

Wenn Sie auf Ihre Ausgangssituation und / oder auf Ihr Ziel blicken: Vor welcher Herausforderung stehen Sie? Worin besteht Ihre persönliche Lern- oder Entwicklungsaufgabe?

Das Ziel formulieren

Fassen Sie Ihr Ziel in wenigen Sätzen zusammen. Wenn Sie die vorigen Anregungen befolgt haben, sollte Ihr Ziel jetzt Erfolg versprechend formuliert sein, d. h.: Ihr Ziel ist positiv und motivierend. Sie wissen, was Sie aus eigener Kraft beeinflussen können und welchen Preis Sie Ihr Vorhaben kosten wird. Sie haben eine Vorstellung, woran Sie Ihren

Erfolg messen werden, und sind sich darüber im Klaren, worin Ihre persönliche Herausforderung besteht.

Wenn Sie beim Formulieren Ihrer Ziele systematisch vorgehen wollen, hilft Ihnen Kapitel 3. Dort haben wir ausführlich beschrieben, warum es so wichtig ist, stimmige und motivierende Ziele zu finden, und gezeigt, wie man dabei im Detail vorgehen kann. Vgl. Kapitel 3.1 und 3.2. sowie die Übungen 3.3.6 (Ziele formulieren – Vom Zukunftswunsch zum konkreten Ziel), 3.3.7 (Ziele auf dem Prüfstand) und 3.3.8 (Inneres Patt: Bedürfnis- und Zielkonflikte klären).

2. Ressourcen bewusst machen

Nachdem Sie Ihr Ziel geklärt haben, schauen Sie im nächsten Schritt auf Ihre Ausgangsbedingungen. Welche Fähigkeiten und welche Ressourcen können Sie für Ihr Vorhaben nutzen? Der Blick auf Ihre Ressourcen hilft Ihnen, Ihre Kräfte zu sammeln und sich auf Ihre Stärken zu konzentrieren. Das motiviert nicht nur und schafft Zuversicht, sondern hilft Ihnen gleichzeitig, sich wesentliche Erfolgsfaktoren bewusstzumachen und sich darauf auszurichten.

Eigene Fähigkeiten und Stärken bewusst machen

Welche Ihrer Fähigkeiten könnten Ihnen bei Ihrem Veränderungsvorhaben nützlich sein? Was würde Ihr bester Freund / Ihre beste Freundin über Ihre Stärken sagen?

Frühere Lösungsversuche bewusstmachen

Wie haben Sie solche und ähnliche Fragen bisher in Ihrem Leben gelöst? Welche Erfahrungen haben Sie dabei gemacht? Was haben Sie aus diesen Erfahrungen gelernt?

Wer ist Ihnen gewogen und bereit, Sie bei Ihrem Vorhaben zu unterstützen? Wer könnte Ihnen mit welchen Kompetenzen weiterhelfen? Wie können Sie diese Menschen für Ihr Projekt gewinnen? Mit Blick auf alle Lebensbereiche (Beruf / Arbeit, Freizeit, Beziehungen, Gesundheit, Wohnen, Finanzen): Welche Ressourcen und Rahmenbedingungen geben Ihnen Sicherheit und Rückhalt? Und welche davon könnten Sie gezielt für Ihr Vorhaben nutzen?

Wenn Sie sich einen umfassenden Eindruck über Ihre Stärken und Ressourcen verschaffen wollen, helfen Ihnen die Übungen 2.3.1 (Persönliche Erfolge), 2.3.2 (Persönliche Selbstwertbilanz), 2.3.3 (Feedback zu Stärken und Schwächen einholen), 2.3.5 (Eine Lobrede auf sich selbst schreiben).

3. Lösungen entwickeln

Sie kennen nun Ihr Ziel und wissen, was Ihnen beim Erreichen dieses Ziels helfen kann. Vermutlich haben Sie auch schon erste Ideen entwickelt, wie Sie weiter vorgehen könnten. Jetzt sammeln Sie diese Ideen ein, wägen sie gegeneinander ab und entscheiden sich für ein Vorgehen.

Lösungsideen sammeln

Schreiben Sie alle Einfälle stichwortartig auf, ohne sie gleich zu bewerten:

Was könnte dazu beitragen, dass Sie Ihr Ziel erreichen? Was könnten Sie konkret tun, verstärken, verändern? Welche Ideen haben Sie? Welche Vorgehensmöglichkeiten gibt es?

Lösungsoptionen durchspielen und bewerten

Was würde die eine/die andere Option bedeuten? Was wäre die Chance, was die Gefahr bei diesem Vorgehen? Womit sollten Sie beginnen, wenn Sie mit möglichst wenig Aufwand möglichst viel erreichen wollen (‹Hebel-Thema›)?

Umsetzung konkretisieren

Wie wollen Sie vorgehen? In welche Schritte lässt sich das Vorgehen gliedern? Welche (realistischen!) Zwischenziele wollen Sie sich setzen? Was werden Sie genau tun (wann, wie, mit wem, in welcher Reihenfolge)?

4. Umsetzung sichern

Der letzte Selbstcoaching-Schritt soll Ihnen helfen, bei Ihrem Veränderungsvorhaben auch dann «am Ball zu bleiben», wenn es schwierig wird und Durststrecken zu überwinden sind. Jetzt sorgen Sie für Erfolg versprechende Rahmenbedingungen und bereiten sich auf schwierige Situationen und Hindernisse vor:

Motivierende Rahmenbedingungen schaffen

Wie wollen Sie den Veränderungsweg gehen (allein, mit einem Dialogpartner, in einer Gruppe)? Planen Sie Zwischenbilanzen ein. Welche Form von Zwischenbilanzen und Feedback ist für Sie nützlich, um langfristig dranzubleiben (wie oft, mit wem, wie detailliert, wie vorbereitet)? Wie wollen Sie Ihre Zwischenerfolge feiern?

Unterstützung sichern

Wer kann Sie unterstützen? Welche Form von Unterstützung brauchen Sie in solchen Situationen (Reflexion, Ermutigung, Trost …)? Wählen Sie ein Symbol, ein Gedicht, eine Liedzeile oder ein inneres Bild, das Sie immer wieder auf leichte und positive Weise an Ihr Vorhaben erinnert.

Hindernisse einplanen / erwartete Schwierigkeiten durchspielen

Mit welchen Schwierigkeiten müssen Sie rechnen? Worauf sollten Sie vorbereitet sein? Wie können Sie darauf reagieren? Wie werden Sie damit umgehen, wenn Durststrecken auftreten? Hintergrundwissen zum «Dranbleiben» finden Sie im Kapitel 3.2.7 und eine entsprechende Selbstcoaching-Übung unter 3.3.12 (Dranbleiben).

Die folgende Übersicht fasst die Schritte beim Selbstcoaching noch einmal zusammen:

Ziele finden	Ressourcen bewusstmachen	Lösungen entwickeln	Umsetzung sichern
«Wo will ich hin? Was will ich erreichen?»	*«Worauf kann ich bauen?»* *«Was kann ich nutzen?»*	*«Wie will ich vorgehen?»* *«Was kann ich tun?»*	*«Wie kann ich dranbleiben?»*
Ziellandschaft entwerfen	Eigene Fähigkeiten und Stärken bewusst machen	Lösungsideen sammeln	Motivierende Rahmenbedingungen schaffen
Ziele prüfen und konkretisieren	Frühere Lösungsversuche bewusst machen	Lösungsoptionen durchspielen und bewerten	Unterstützung sichern
Persönliche Herausforderung definieren	Äußere Ressourcen bewusst machen	Umsetzung konkretisieren	Hindernisse einplanen

Leitfaden zum Selbstcoaching

Vielleicht merken Sie beim Bearbeiten, dass Ihr Vorhaben doch nicht so überschaubar ist, wie es zunächst erschien. Wenn Sie auf Schwierigkeiten stoßen oder sich Fragen ergeben, die eine vertiefte Reflexion erforderlich machen, können Sie auf die Methoden, Techniken und Übungen zurückgreifen, die Sie in den vorangegangenen Kapiteln bereits kennengelernt haben. Hier noch einmal eine zusammenfassende Auswahl der wichtigsten Werkzeuge:

- Umfassende Standortbestimmung mit dem «Haus des Lebens» (3.2.1, 4.2.1, 5.2.1)
- Die Zukunft entwerfen – Visionen (3.3.5)
- Ziele finden und formulieren (3.2.2, 3.3.6, 3.3.7)
- Innere Konflikte und Ambivalenzen klären mit dem «Inneren Team» (3.2.2, 3.3.8)
- Einstellungen ändern (3.2.4, 3.3.9)
- Eingeschliffenes Verhalten ändern mit der Methode des Innehaltens (4.2.3, 4.2.7)
- Feedback einholen (2.3.3, 4.3.6)
- Rollen klären (4.2.2)
- Teufelskreise erkennen und lösen (5.1.1)
- Sechs Perspektiven der Konfliktanalyse (5.2.3)
- Kritisches konstruktiv ansprechen mit dem Entwicklungsdreieck (5.2.4, 5.3.9)

6.2 Coaching-Partnerschaft

Eine einfache und sehr effektive Form, sich gegenseitig auf dem Weg zum Erreichen persönlicher Ziele zu unterstützen, sind Coaching-Partnerschaften unter Freunden oder Kollegen. Sie können helfen, ein längerfristiges Ziel in kleinen, überschaubaren Schritten alltagsnah zu verfolgen und rechtzeitig sinnvolle Kurskorrekturen vorzunehmen. Durch regelmäßige Zwischenbilanzen und Neuausrichtungen wird der Reflexionsprozess in Gang gehalten, und gleichzeitig bleibt der Umsetzungsprozess in Schwung.

Dafür brauchen Sie einen Partner, der ebenfalls Interesse an einem Selbstcoaching hat und dem Sie sich anvertrauen mögen. In einem ersten Gespräch verschaffen Sie sich dann wechselseitig einen umfassenden Eindruck von der Situation und den Zielen des anderen. Für diesen Einstieg können Sie zum Beispiel die Übung 3.3.1 (Motivationsquellen und Motivationsräuber) und die Übungen 3.3.5 bis 3.3.7 (Zukunft entwerfen und Ziele entwickeln) nutzen.

Dann vereinbaren Sie einen für beide Seiten passenden Rhythmus für regelmäßige Telefonate, in denen Sie sich gegenseitig an wichtige Ziele und Vorhaben erinnern, die Sie sich für diese Zeit vorgenommen hatten (z. B. alle drei Tage, alle zwei Wochen usw.). Die Funktion des jeweiligen Coachs ist die eines Weckers, der zu bestimmten Zeiten klingelt und dafür sorgt, dass der Partner nicht die Zeit verschläft. Als Coach fragen Sie z. B. zu Beginn einer Woche (oder des vereinbarten Zeitabschnitts): Was willst du erreichen? Was nimmst du dir für die nächste Woche vor?

Beim nächsten Telefonat oder Treffen helfen Sie Ihrem Coaching-Partner beim Reflektieren über die Umsetzung seiner Vorhaben: Wie weit bist du auf dem Weg zu deinem Ziel? Was hast du schon umgesetzt?

Wenn Ihr Coaching-Partner weitergekommen ist, zeigen Sie Ihre Anerkennung und interessieren sich dafür, wie er es geschafft hat, erfolgreich zu sein. Zum Abschluss fragen Sie, was er sich für das nächste Zeitintervall vornimmt.

Achten Sie gemeinsam immer wieder darauf, dass Ihre Ziele Erfolg versprechend formuliert sind (positiv, motivierend, selbst-erreichbar, «ökologisch» sinnvoll und konkret messbar). Wenn einer der beiden Coaching-Partner aus seiner Sicht nichts oder zu wenig erreicht hat, sollten Sie sich gegenseitig keinen Druck machen und auch keine Ratschläge erteilen. Vielmehr sollten Sie sich wohlwollend dabei unterstützen, nachzudenken und eigene Lösungen zu finden:

Was, glaubst du, könnte dir helfen, auf dem Weg zu deinem Ziel einen Schritt weiterzukommen?
• Dein Ziel zu überprüfen und zu verändern?

- Mehr Druck oder Kontrolle?
- Mehr Ermutigung oder Belohnung?
- Etwas ganz anderes?

Gerade wenn Ihr Coaching-Partner bei seinem Vorhaben nicht weiterkommt, braucht er neben klugen Fragen auch wohlwollende Entlastung. Vorwürfe macht er sich vermutlich schon selbst, und Vorhaltungen von außen wirken in der Regel nicht besonders motivierend. Sie sollten dem anderen eher dabei helfen, den Blick auf die Gesamtsituation nicht zu verlieren und auch kleine Erfolge angemessen zu würdigen. Weitere Anregungen, wie Sie sich gegenseitig beim «Dranbleiben» unterstützen können, finden Sie im Kapitel 3.2.7 und in der Übung 3.3.12.

Die Dauer und Frequenz solcher Telefonate oder Treffen können stark variieren. Möglicherweise brauchen Sie unterschiedliche Intervalle und Gesprächsrahmen, je nach Thema und persönlicher Vorliebe. Vielleicht ist es für den einen wichtig, sich alle drei Tage in einem Drei-Minuten-Telefonat zu versichern, dass er auf dem richtigen Weg ist, und der andere wünscht sich alle vier Wochen ein längeres Gespräch, womöglich bei einem guten Essen. Vielleicht können Sie sich auch besser konzentrieren, wenn Sie jeweils einen Termin «für sich» haben und der andere dann zu einem anderen Zeitpunkt «drankommt». Finden Sie also mit Ihrem Gesprächspartner heraus, welcher Rahmen für Sie beide passt.

Nach einem gemeinsam vereinbarten Zeitraum sollten Sie Ihre Erfahrungen auswerten und überlegen, ob bzw. wie es weitergeht.

Ein Wort zum Schluss

Lieber Leserin, lieber Leser,

wir wollen Ihnen mit diesem Buch Anregungen zur persönlichen Entwicklung und einen Leitfaden zum Selbstcoaching an die Hand geben. Nach unserer Erfahrung fallen solche Anregungen immer dann auf fruchtbaren Boden, wenn man aus akutem Anlass nach neuen Antworten sucht. Das kann zum Beispiel sein, weil das Selbstwertgefühl in eine Schieflage geraten ist, weil man über neue Perspektiven im Beruf wie im Leben nachdenkt, weil man auf herausfordernde Weise mit Verantwortung und Macht konfrontiert ist oder wenn Konflikte ausgetragen werden müssen. Wir hoffen, dass Sie sich in solchen Momenten an das Buch erinnern werden, um auf einzelne Themen und Übungen zurückzugreifen.

Wir würden natürlich gerne wissen, wie Sie dieses Buch für sich nutzen konnten. Vielleicht haben Sie Lust, uns dazu ein Feedback zu geben und zu berichten, welche Inhalte oder Übungen für Sie hilfreich waren. Dann schreiben Sie uns unter coaching@fischer-epe.de. Wenn Sie sich für unsere Beratungsarbeit, Seminare und Ausbildungen interessieren, schauen Sie unter www.fischer-epe.de.

Literatur

Adler, Alfred: Menschenkenntnis. Frankfurt a. M. 1996

Arendt, Hannah: Macht und Gewalt. München 1993

Bieri, Peter: Das Handwerk der Freiheit. Frankfurt a. M. 2003

Brisch, Karl Heinz: Bindungsstörungen. Stuttgart 1999

Covey, Stephen R., Merrill, Roger und Merrill, Rebecca R.: Der Weg zum Wesentlichen. Frankfurt a. M. 1999

Covey, Stephen R.: Die sieben Wege zur Effektivität. Frankfurt a. M. 1992

Damasio, Antonio R.: Der Spinoza-Effekt. München 2003

Damasio, Antonio R.: Ich fühle, also bin ich. München 2001

Damasio, Antonio R.: Descartes' Irrtum. München 1997

Deneke, Friedrich W.: Psychische Struktur und Gehirn. Stuttgart 1999

Dornes, Martin: Der kompetente Säugling. Frankfurt a. M. 1994

Drechsler, Hanno, Hilligen, Wolfgang und Neumann, Franz (Hg.): Gesellschaft und Staat. Lexikon der Politik. München 1995

Duden. Deutsches Universalwörterbuch, 5. Aufl. Mannheim 2003

Erikson, Erik-H.: Kindheit und Gesellschaft. Stuttgart 1974

Erikson, Erik-H.: Identität und Lebenszyklus. Frankfurt a. M. 1973

Fischer-Epe, Maren: Coaching: Miteinander Ziele erreichen. Reinbek 2002

Fisher, Roger, und Ury, William: Das Harvard-Konzept. Frankfurt a. M. 2000

Flammer, August: Entwicklungstheorien. Bern 1996

Frankl, Victor E.: Der Mensch vor der Frage nach dem Sinn. München 1985

Furmann, Ben: Es ist nie zu spät, eine glückliche Kindheit zu haben. Dortmund 2000

Furman, Ben, und Tapani, Ahola: Die Zukunft ist das Land, das niemandem gehört … Probleme lösen im Gespräch. Stuttgart 1995

Gallwey, W. Timothy: Erfolg durch Selbstcoaching. Nürnberg 2002

Galtung, Johann: Strukturelle Gewalt. Reinbek 1975

Gay, Friedbert (Hg.): DISG-Persönlichkeits-Profil. Offenbach 1997

Glasl, Friedrich: Konfliktmanagement. Stuttgart 1992

Grawe, Klaus: Psychologische Therapie. Göttingen, Bern, Toronto 1998

Harris, Thomas A.: Ich bin o. k., Du bist o. k. Reinbek 2002

Herrmann, Theo: Persönlichkeitsmerkmale. Bestimmung und Verwendung in der psychologischen Wissenschaft. Stuttgart 1973

Howard, Pierce J., und Mitchell-Howard, Jane: Führen mit dem Big-Five Persönlichkeitsmodell. Frankfurt a. M. 2002

Jüttemann, Gerd, und Thomae, Hans (Hg.): Persönlichkeit und Entwicklung. Weinheim 2002

Kegan, Robert: Die Entwicklungsstufen des Selbst. München 1991

Kernberg, Otto F.: Borderline-Störungen und pathologischer Narzissmus. Frankfurt a. M. 1980

Kohut, Heinz: Narzissmus. Frankfurt a. M. 1973

Mahler, Margaret S., Pine, Fred und Bergman, Anni: Die psychische Geburt des Menschen. Symbiose und Individuation. Frankfurt a. M. 1978

Miller, Alice: Das Drama des begabten Kindes. Frankfurt a. M. 1979

Noll, Peter, und Bachmann, Hans R.: Der kleine Machiavelli. München 1993

Reiss, Steven: Who am I? The 16 basic desires that motivate our actions and define our personalities. New York 2000

Redlich, Alexander, und Elling, Jens R.: Potential Konflikte. Hamburg 2000

Riemann, Fritz: Grundformen der Angst. München, Basel 1979

Roth, Gerhard: Das Gehirn und seine Wirklichkeit. Frankfurt a. M. 1999

Roth, Gerhard: Denken, Fühlen, Handeln. Frankfurt a. M. 2001

Rüegg, Johann C.: Psychosomatik, Psychotherapie und Gehirn. Stuttgart 2001

Rubin, Harriet: Machiavelli für Frauen. Frankfurt a. M. 1998

Rudolf, Gerd: Psychotherapeutische Medizin. Stuttgart 1995

Schwarz, Gerhard: Konfliktmanagement. Wiesbaden 1990

Seiwert, Lothar J.: Wenn Du es eilig hast, gehe langsam. Das neue Zeitmanagement in einer beschleunigten Welt. Frankfurt a. M. 1998

Spangler, Gottfried, und Zimmermann, Peter (Hg): Die Bindungstheorie. Stuttgart 1999

Schulz v. Thun, Friedemann: Miteinander reden 2. Reinbek 1989

Schulz v. Thun, Friedemann: Miteinander reden 3. Reinbek 1998

Schulz v. Thun, Friedemann: Vom Umgang mit schwierigen Teilnehmern. Interview/Seminarunterlagen. Institut für wissenschaftliche Lehrmethoden. München 1998 (b)

Sprenger, Reinhard K.: Das Prinzip Selbstverantwortung. Frankfurt a. M. 1995

Sprenger, Reinhard K.: Mythos Motivation. Frankfurt a. M. 1994

Stern, Daniel N.: Die Lebenserfahrung des Säuglings. Stuttgart 1992

Storch, Maja, und Krause, Frank: Selbstmanagement – ressourcenorientiert. Bern 2002

Strauß, Bernhard, Buchheim, Anna und Kächele, Horst (Hg.): Klinische Bindungsforschung. Stuttgart 2003

Strotzka, Hans: Macht. Wien, Hamburg 1985

Suter, Martin: Business Class. Geschichten aus der Welt des Managements. Zürich 2000

Ury, William L.: Schwierige Verhandlungen. Frankfurt a. M. 1992

Walter, John L., und Peller, Jane E.: Lösungsorientierte Kurztherapie. Dortmund 1994

Weber, Max: Wirtschaft und Gesellschaft. Tübingen 1980

Winnicott, Donald W.: Reifungsprozesse und fördernde Umwelt. Frankfurt a. M. 1988

Yalom, Irvin D.: Existentielle Psychotherapie. Köln 1989

S 59/2

Beruflich weiterkommen und anderen dabei helfen

Maren Fischer-Epe
Coaching: Miteinander Ziele erreichen
Die erfolgreiche praxisorientierte Einführung ins Coaching: Von der Auftragsklärung über die einzelnen Gesprächsphasen bis zur Auswertung. Ein prall gefüllter Werkzeugkoffer mit vielen Fallbespielen.

Maren Fischer-Epe/Claus Epe
Selbstcoaching
Hintergrundwissen, Anregungen und Übungen zur persönlichen Entwicklung
Ein konkretes Programm zu den drei Schlüsselthemen des persönlichen Erfolges: Motivation und Leistungsbereitschaft steigern, Einfluss nehmen und Konflikte konstruktiv meistern.

rororo 61954

rororo 62283

Weitere Informationen in der Rowohlt Revue oder unter www.rororo.de

S 34/4

rororo TEAM

Friedemann Schulz von Thun

Schweigen ist Silber, miteinander reden ist Gold

Chr. Thomann / F. Schulz von Thun
Klärungshilfe 1. rororo 61476

Klärungshilfe 2
Konflikte im Beruf. rororo 61637

Chr. Thomann / Chr. Prior
Klärungshilfe 3 – Das Praxisbuch
rororo 62214

D. Kumbier / F. Schulz von Thun (Hg.)
Interkulturelle Kommunikation:
Methoden, Modelle, Beispiele
rororo 62096

Miteinander reden: Praxis
Herausgegeben von Friedemann Schulz von Thun

Dagmar Kumbier
Sie sagt, er sagt
Kommunikationspsychologie
für Partnerschaft, Familie
und Beruf. rororo 61698

Karl Benien
Schwierige Gespräche führen
rororo 61477

M. Winkler / A. Commichau
Reden. rororo 61944

Kim-Oliver Tietze
Kollegiale Beratung.
rororo 61544

M. Bönsch / K. Zach
Seminarkrisen meistern.
rororo 62163

Friedemann Schulz von Thun /
Dagmar Kumbier (Hg.)
Impulse für Beratung und Therapie
rororo 62347

Impulse für Führung und Training
rororo 62464

Impulse für Kommunikation
im Alltag
rororo 62656

Weitere Informationen in der Rowohlt Revue *oder unter* www.rororo.de

S 32/3

Psychologie bei rororo

Hilflos, unfähig, k. o. – oder doch lieber o. k.?

Renate Klöppel
Die Schattenseite des Mondes
Ein Leben mit Schizophrenie
rororo 61941

Eric Berne
Spiele der Erwachsenen
*Psychologie der menschlichen
Beziehungen.* rororo 61350

Shakti Gawain
Stell dir vor *Kreativ visualisieren*
rororo 61684

Thomas A. Harris
Ich bin o. k. – Du bist o. k.
*Eine Einführung in die Trans-
aktionsanalyse.* rororo 16916

**Amy Bjork Harris/
Thomas A. Harris**
Einmal o. k. – immer o. k.
*Transaktionsanalyse für den
Alltag.* rororo 18788

Laurence J. Peter/R. Hull
Das Peter-Prinzip
oder Die Hierarchie der Unfähigen
rororo 61351

Wolfgang Schmidbauer
Hilflose Helfer
*Über die seelische Problematik
der helfenden Berufe*
rororo 19196

Raymond Hull
Alles ist erreichbar
Erfolg kann man lernen

rororo 61352

Weitere Informationen in der Rowohlt Revue *oder unter* www.rororo.de